"十四五"高等职业教育新形态一体化系列教材

虚拟化技术
项目教程（ESXi）

叶红卫　谭　卫◎主　编
周永福　朱蓝辉　黄　浩◎副主编

中国铁道出版社有限公司
CHINA RAILWAY PUBLISHING HOUSE CO., LTD.

内 容 简 介

本书为"十四五"高等职业教育新形态一体化系列教材之一，主要介绍 VMware vSphere 的应用和基于 VMware ESXi 的虚拟化应用，实施过程中采用项目化教学、任务驱动的模式。全书主要包括安装和管理 ESXi 主机、安装 vCenter Server Appliance、创建虚拟机、创建和配置虚拟交换机、部署和配置网络存储系统、备份和恢复虚拟机等十个项目和一个综合实训。

本书对实际的虚拟化项目进行了模拟实施转换，通过 VMware Workstation 17 虚拟机代替真实的物理服务器，从而达到项目实施过程中的硬件要求，充分利用现有的硬件资源组织课程的教学方便学生的任务实施。

本书适合作为高等职业院校计算机类专业的"虚拟化技术"课程教学用书，也可作为自学 VMware ESXi 虚拟化技术的参考书。

图书在版编目（CIP）数据

虚拟化技术项目教程：ESXi/ 叶红卫，谭卫主编 .—北京：中国铁道出版社有限公司，2023.12

"十四五"高等职业教育新形态一体化系列教材

ISBN 978-7-113-30809-4

Ⅰ.①虚… Ⅱ.①叶…②谭… Ⅲ.①虚拟处理机 - 高等职业教育 - 教材 Ⅳ.① TP338

中国国家版本馆 CIP 数据核字（2023）第 226127 号

书　　名：虚拟化技术项目教程（ESXi）
作　　者：叶红卫　谭　卫

策　　划：王春霞	编辑部电话：（010）63551006
责任编辑：王春霞　包　宁	
封面设计：尚明龙	
责任校对：苗　丹	
责任印制：樊启鹏	

出版发行：中国铁道出版社有限公司（100054，北京市西城区右安门西街 8 号）
网　　址：http://www.tdpress.com/51eds/
印　　刷：三河市燕山印刷有限公司
版　　次：2023 年 12 月第 1 版　2023 年 12 月第 1 次印刷
开　　本：850 mm×1 168 mm　1/16　印张：15　字数：294 千
书　　号：ISBN 978-7-113-30809-4
定　　价：48.00 元

版权所有　侵权必究

凡购买铁道版图书，如有印制质量问题，请与本社教材图书营销部联系调换。电话：（010）63550836

打击盗版举报电话：（010）63549461

前言

随着云计算的快速发展，越来越多的应用都在向"云"进行迁移。并且越来越多的服务器都在进行虚拟化，以充分利用现有的硬件资源，提供更多的服务。服务器的虚拟化可以大大降低 IT 维护工作量，通过"软件定义"方式的服务器虚拟化，正在扮演越来越重要的角色。VMware 公司在虚拟化方面的解决方案，在不同的行业中有着广泛的应用。

本书采用 ESXi8.0 版本，采用新形态一体化教材的模式进行编写。

本书落实党的二十大报告精神，坚持立德树人根本任务，其编写的目的是增强学生在云计算和虚拟化技术方面的应用能力，熟悉和掌握 VMware vSphere 的应用和基于 VMware ESXi 的虚拟化应用。本书具有如下特色：

（1）项目化教学，任务驱动

本书采用"项目化教学"和"任务驱动"的方式，从项目实施入手，将实际的项目进行模拟实施，在实训室有限的教学资源下，进行项目化教学。同时，在不同的项目中，穿插项目所需的理论知识。将知识点融入任务实施过程中。

在教材结构上，按项目组织教学内容，每个项目中包含以下模块：

①项目导入：实际的项目背景，突出内容的实用性。

②职业能力目标和要求：提出要求，让学习更有目的性。

③相关知识：为完成项目中的任务提供理论支撑。

④项目实施：详细讲解项目的实施步骤。

⑤拓展阅读：将课程思政元素融入每个项目中，培养学生的家国情怀和工匠精神。

（2）"教、学、做"新形态一体化

①基于工作任务导向的"教、学、做"新形态一体化的编写方式。

②内容对接实际的岗位需求和典型的工作任务。

③提供授课进度表、电子课件、课程标准、微课以及实操视频（4 GB 多），为教师备课、授课以及学生的预习和任务实训提供了一站式服务。

④每个项目中嵌入了微课和实操视频的二维码，方便学生随时学习。

⑤组建QQ交流答疑群，为教师在教材使用过程中遇到的问题进行答疑，并分享相关资源和教学心得，QQ群号：563235256。

本书由叶红卫、谭卫任主编，周永福、朱蓝辉、黄浩任副主编，实操视频由黎俊龙负责录制，综合项目由潘麒丞编写和录制操作视频。在本书的编写过程中，得到了广东泰迪智能科技股份有限公司的大力支持，方嘉杰工程师提供了实际的工作任务案例并参与教材的编写。同时，本书也得到了相关领导、同仁和中国铁道出版社有限公司相关人员的大力支持，在此表示衷心的感谢。

本书虽然经过多次的修改和讨论，但难免存在疏漏和不足之处，敬请广大读者批评指正。作者邮箱：59682050@qq.com。

编　者

2023年9月

目录

项目 1 安装和管理 ESXi 主机 1

1.1 项目导入 1
1.2 职业能力目标和要求 1
1.3 相关知识 1
  1.3.1 硬件和系统资源 1
  1.3.2 ESXi 引导和存储要求 2
  1.3.3 操作系统的支持 2
  1.3.4 PXE 3
  1.3.5 DHCP 和 TFTP 3
  1.3.6 SYSLINUX、PXELINUX 和 gPXELINUX 3
  1.3.7 UEFI PXE 和 iPXE 4
  1.3.8 VMware Host Client 4
1.4 项目实施 5
  任务 1-1 安装 ESXi 8.0 5
  任务 1-2 使用 PXE 方式安装 ESXi 8.0 11
  任务 1-3 使用 VMware Host Client 管理 ESXi 主机 16
  任务 1-4 使用 SSH 命令行管理 ESXi 主机 17
  任务 1-5 注册虚拟机 21
小结 23
练习 23
拓展阅读 华为 FusionSphere 24

项目 2 安装 vCenter Server Appliance 25

2.1 项目导入 25
2.2 职业能力目标和要求 25
2.3 相关知识 25
  2.3.1 vCenter Server 组件和服务 25

2.3.2　随 vCenter Server 一起安装的服务 26
　　2.3.3　vCenter Server Appliance 概览 27
　　2.3.4　vCenter Server 设备的硬件和存储要求 27
　　2.3.5　vCenter Server Appliance 的软件要求 28
2.4　项目实施 28
　　任务 2-1　部署 vCenter Server Appliance 28
　　任务 2-2　使用 vCenter Server 管理 ESXi 主机 37
小结 42
练习 43
拓展阅读　华为 FusionCube 44

项目 3　创建虚拟机 45

3.1　项目导入 45
3.2　职业能力目标和要求 45
3.3　相关知识 45
　　3.3.1　虚拟机的定义 45
　　3.3.2　虚拟机和虚拟基础架构 46
　　3.3.3　虚拟机生命周期 47
　　3.3.4　虚拟磁盘的置备策略 47
3.4　项目实施 48
　　任务 3-1　创建虚拟机（单主机） 48
　　任务 3-2　使用 PowerCli 批量克隆虚拟机 53
小结 57
练习 58
拓展阅读　代码指挥员——张辉明 59

项目 4　创建和配置虚拟交换机 60

4.1　项目导入 60
4.2　职业能力目标和要求 60
4.3　相关知识 60
　　4.3.1　网络术语的定义 60
　　4.3.2　标准交换机概览 62

目录

   4.3.3 vSphere Distributed Switch 63
 4.4 项目实施 66
   任务 4-1 配置虚拟标准交换机 66
   任务 4-2 配置分布式交换机（VDS）...... 69
   任务 4-3 使用 VDS 创建备份 VMkernel 网络 76
 小结 79
 练习 79
 拓展阅读 王亚平：采撷最璀璨的星 81

项目 5 部署和配置网络存储系统 83

 5.1 项目导入 83
 5.2 职业能力目标和要求 83
 5.3 相关知识 83
   5.3.1 数据存储 83
   5.3.2 openfiler 84
   5.3.3 iSCSI 84
 5.4 项目实施 85
   任务 5-1 安装 openfiler 85
   任务 5-2 设置 iSCSI 磁盘 90
   任务 5-3 挂载 iSCSI 磁盘 96
   任务 5-4 挂载 iSCSI 磁盘（CHAP 验证）...... 100
 小结 102
 练习 102
 拓展阅读 曙光 ParaStor 液冷存储系统 103

项目 6 备份和恢复虚拟机 105

 6.1 项目导入 105
 6.2 职业能力目标和要求 105
 6.3 相关知识 105
   6.3.1 VMware vSphere Replication 简介 105
   6.3.2 恢复点目标 106
   6.3.3 vSphere Replication 的工作方式 106

6.3.4 vSphere Replication 系统要求 ... 107
6.3.5 vSphere Replication 的操作限制 ... 107
6.4 项目实施 ... 107
任务 6-1 部署 vSphere Replication ... 107
任务 6-2 部署 vSphere Replication ... 115
任务 6-3 使用 PowerCli 定期为虚拟机创建快照 ... 120
小结 ... 125
练习 ... 125
拓展阅读 邓清明：坚守初心，甘当"备份" ... 126

项目 7 迁移虚拟机 ... 127

7.1 项目导入 ... 127
7.1 职业能力目标和要求 ... 127
7.3 相关知识 ... 127
7.3.1 迁移类型 ... 127
7.3.2 vSphere vMotion 网络要求 ... 128
7.3.3 vMotion 的虚拟机条件和限制 ... 128
7.3.4 vMotion 的主机配置和存储器要求 ... 129
7.3.5 增强型 vMotion 兼容性 ... 129
7.4 项目实施 ... 130
任务 7-1 迁移数据存储 ... 130
任务 7-2 迁移主机（仅更改计算资源） ... 132
任务 7-3 迁移主机和数据存储（更改计算资源和存储） ... 134
小结 ... 136
练习 ... 136
拓展阅读 刘伯鸣：大国工匠、匠心筑梦 ... 137

项目 8 管理 ESXi 主机资源 ... 139

8.1 项目导入 ... 139
8.2 职业能力目标和要求 ... 139
8.3 相关知识 ... 139
8.3.1 资源池 ... 139

	8.3.2 资源的基础知识	139
	8.3.3 管理资源池	142
	8.3.4 使用资源池的好处	143

8.4 项目实施 144

  任务 创建资源池 144

小结 147

练习 147

拓展阅读 旦增顿珠：用工匠精神推动高原工业绿色发展 148

项目 9 配置 vSphere HA 集群和容错（FT） 149

9.1 项目导入 149

9.2 职业能力目标和要求 149

9.3 相关知识 149

  9.3.1 创建和使用 vSphere HA 集群 149

  9.3.2 vSphere HA 的工作方式 150

  9.3.3 首选主机和从属主机 150

  9.3.4 主机故障类型和检测 150

  9.3.5 vSphere HA 接入控制 151

  9.3.6 Fault Tolerance 和 Fault Tolerance 的工作方式 152

9.4 项目实施 153

  任务 9-1 配置 vSphere HA 集群 153

  任务 9-2 配置容错（FT） 155

小结 159

练习 159

拓展阅读 柯晓宾：躬耕毫厘之间，守护中国高铁"神经元" 161

项目 10 vSphere 权限管理 162

10.1 项目导入 162

10.2 职业能力目标和要求 162

10.3 相关知识 162

  10.3.1 vSphere 中的授权 162

  10.3.2 vCenter Server 权限模型 163

10.3.3　vCenter Server 系统角色 164

10.4　项目实施 166

　　任务　创建拥有"只读"权限的用户 166

小结 169

练习 169

拓展阅读　张桂梅：用信念托举贫困山区女孩圆梦大学 170

项目 11　综合实训——部署 Horizon8 云桌面 172

11.1　项目导入 172

11.2　职业能力目标和要求 172

11.3　相关知识 172

　　11.3.1　Horizon Connection Server 172

　　11.3.2　Horizon Client 173

　　11.3.3　Horizon Agent 173

　　11.3.4　项目部署规划 173

11.4　项目实施 175

　　任务 11-1　部署 Horizon8——AD 域 175

　　任务 11-2　部署 Horizon8——DHCP 服务 185

　　任务 11-3　部署 Horizon8——连接服务器 192

　　任务 11-4　部署 Horizon8——事件数据库 204

　　任务 11-5　部署 Horizon8——配置账户权限 210

　　任务 11-6　部署 Horizon8——准备系统模板和发布桌面池 216

　　任务 11-7　部署 Horizon8——连接云桌面 227

拓展阅读　麒麟软件 229

项目 1 安装和管理 ESXi 主机

1.1 项目导入

虚拟化技术是一种将计算机资源（如 CPU、内存、磁盘、网络等）进行抽象化和隔离化的技术。虚拟化后的操作系统和应用程序能够在同一台物理计算机上运行，而且彼此之间是相互独立的，就好像它们在各自的物理计算机上运行一样。虚拟化技术能有效地提升物理资源利用率，为此，学校信息中心为了充分利用现有的服务器硬件资源，将实施一个虚拟化项目，将原有的 2 台服务器进行虚拟化。网络工程师小李在物理服务器上安装 ESXi 8.0，对服务器进行虚拟化。

安装ESXi主机

1.2 职业能力目标和要求

- 掌握虚拟化技术的概念；
- 了解安装 ESXi 的基本步骤；
- 掌握 PXE 安装 ESXi 主机；
- 掌握配置 ESXi 主机的方法。

管理ESXi主机

1.3 相关知识

1.3.1 硬件和系统资源

要安装或升级 ESXi，硬件和系统资源必须满足下列要求：

（1）支持的服务器平台。有关支持的平台列表可通过网络搜索《VMware 兼容性指南》，学习相关内容，如图 1-1 所示。

（2）ESXi 8.0 要求主机至少具有两个 CPU 内核。

（3）ESXi 8.0 支持 2006 年 9 月后发布的 64 位 x86 处理器。其中包括多种多核

vSphere介绍

处理器。

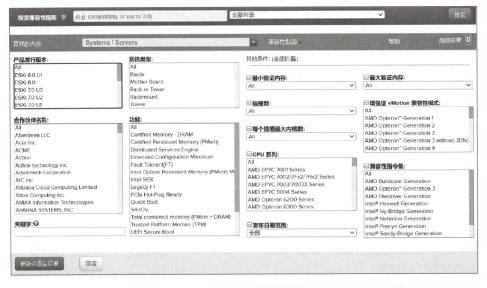

图 1-1　VMware 兼容性指南

（4）ESXi 8.0 需要在 BIOS 中针对 CPU 启用 NX/XD 位。

（5）ESXi 8.0 需要至少 4 GB 物理 RAM。建议至少提供 8 GB 的 RAM，以便能够在典型生产环境下运行虚拟机。

（6）要支持 64 位虚拟机，x64 CPU 必须能够支持硬件虚拟化（Intel VT-x 或 AMD RVI）。

（7）一个或多个千兆或更快以太网控制器。

（8）SCSI 磁盘或包含未分区空间用于虚拟机的本地（非网络）RAID LUN。

1.3.2　ESXi 引导和存储要求

vSphere 8.0 支持从统一可扩展固件接口（UEFI）引导 ESXi 主机。可以使用 UEFI 从硬盘驱动器、CD-ROM 驱动器或 USB 介质引导系统。使用 VMware Auto Deploy 进行网络引导或置备需要旧版 BIOS 固件，且对于 UEFI 不可用。

要安装 ESXi 8.0，至少需要容量为 1 GB 的引导设备。如果从本地磁盘或 SAN/iSCSI LUN 进行引导，则需要 5.2 GB 的磁盘，以便在引导设备上创建 VMFS 卷和 4 GB 的暂存分区。如果使用较小的磁盘或 LUN，则安装程序将尝试在一个单独的本地磁盘上分配暂存区域。如果找不到本地磁盘，则暂存分区 /scratch 将位于 ESXi 主机 ramdisk 上，并链接至 /tmp/scratch。可以重新配置 /scratch 以使用单独的磁盘或 LUN。为获得最佳性能和内存优化，VMware 建议不要将 /scratch 放置在 ESXi 主机 ramdisk 上。

1.3.3　操作系统的支持

ESXi 为多个 64 位客户机操作系统提供支持。使用 64 位客户机操作系统运行虚拟机的主机有下列硬件要求：

（1）对于基于 AMD Opteron 的系统，处理器必须为 Opteron Rev E 或更高版本。

（2）对于基于 Intel Xeon 的系统，处理器必须包括对 Intel 的 Virtualization Technology（VT）的支持。许多 CPU 支持 VT 的服务器可能默认禁用 VT，因此必须手动启用 VT。要确定服务器是否支持 64 位 VMware，可以从 VMware 网站下载 CPU 识别实用程序。

1.3.4 PXE

PXE（pre-boot execute environment，预启动执行环境）是由 Intel 公司开发的最新技术，工作于 Client/Server 网络模式，支持工作站通过网络从远端服务器下载映像，并由此支持通过网络启动操作系统，在启动过程中，终端要求服务器分配 IP 地址，再用 TFTP（trivial file transfer protocol）或 MTFTP（multicast trivial file transfer protocol）协议下载一个启动软件包到本机内存中执行，由这个启动软件包完成终端（客户端）基本软件设置，从而引导预先安装在服务器中的终端操作系统。PXE 可以引导多种操作系统。

1.3.5 DHCP 和 TFTP

动态主机设置协议（dynamic host configuration protocol，DHCP）是一个局域网的网络协议，使用 UDP 协议工作，主要有两个用途：用于内部网或网络服务供应商自动分配 IP 地址；简单文件传输协议（TFTP）与 FTP 服务类似，通常仅用于网络引导系统或在网络设备（如路由器）上加载固件。TFTP 在 Linux 和 Windows 上都可用。

1.3.6 SYSLINUX、PXELINUX 和 gPXELINUX

如果在旧版 BIOS 环境中使用 PXE，需要了解不同的引导环境。对于运行旧版 BIOS 固件的计算机，SYSLINUX 是一个开源引导环境。用于 BIOS 系统的 ESXi 引导加载程序 mbootc.32 作为 SYSLINUX 插件运行。可以将 SYSLINUX 配置为从多种类型的介质（包括磁盘、ISO 映像和网络）引导。可通过网络下载 SYSLINUX 软件包。

PXELINUX 是一种 SYSLINUX 配置，用于根据 PXE 标准从 TFTP 服务器引导。如果使用 PXELINUX 引导 ESXi 安装程序，则 pxelinux.0 二进制文件、mboot.c32、配置文件、内核以及其他文件均通过 TFTP 传输。

gPXELINUX 是一种混合配置，包含 PXELINUX 和 gPXE，并支持从 Web 服务器引导。gPXELINUX 是 SYSLINUX 软件包的一部分。如果使用 gPXELINUX 引导 ESXi 安装程序，则只有 gpxelinux.0 二进制文件、mboot.c32 和配置文件通过 TFTP 传输。其余文件通过 HTTP 传输。HTTP 通常比 TFTP 更快更可靠，在负载过重的网络上传输大量数据时尤其如此。

1.3.7　UEFI PXE 和 iPXE

大多数 UEFI 固件本身包含 PXE 支持，允许从 TFTP 服务器引导。固件可直接加载用于 UEFI 系统的 ESXi 引导加载程序 mboot.efi，而不需要 PXELINUX 等其他软件。对于固件中不包含 PXE 的 UEFI 系统以及其 PXE 支持存在错误的较旧 UEFI 系统，iPXE 也会非常有用。对于上述情况，可以尝试将 iPXE 安装到 USB 闪存驱动器上，并从中引导。

可以使用预启动执行环境（PXE）来引导主机。从 vSphere 6.0 开始，可以使用旧版 BIOS 或通过 UEFI 从主机上的网络接口以 PXE 方式引导 ESXi 安装程序。ESXi 是以 ISO 格式分发，旨在安装到闪存或本地硬盘驱动器。可以解压文件并使用 PXE 进行引导。

PXE 使用动态主机配置协议（DHCP）和简单文件传输协议（TFTP）通过网络引导操作系统。以 PXE 方式引导需要一些网络基础设施以及一台具有支持 PXE 的网络适配器的计算机。大多数可运行 ESXi 的计算机拥有可以 PXE 方式引导的网络适配器。

> **注意：**
> 使用旧版 BIOS 固件进行 PXE 引导只能通过 IPv4 实现。使用 UEFI 固件进行 PXE 引导可以通过 IPv4 或 IPv6 实现。

1.3.8　VMware Host Client

VMware Host Client 是一款基于 HTML5 的客户端，用于连接和管理单个 ESXi 主机。可以使用 VMware Host Client 在目标 ESXi 主机上执行管理和基本故障排除任务以及高级管理任务。vCenter Server 不可用时，也可以使用 VMware Host Client 执行紧急管理。

> **注意：**
> VMware Host Client 与 vSphere Web Client 不同，尽管两者的用户界面相似。使用 vSphere Web Client 可连接 vCenter Server 和管理多个 ESXi 主机，而使用 VMware Host Client 仅可管理单个 ESXi 主机。

VMware Host Client 功能包括但不限于以下操作：

（1）基本虚拟化操作，如部署和配置不同复杂度的虚拟机。
（2）创建和管理网络与数据存储。
（3）使用主机级别调校高级选项提高性能。

VMware Host Client 系统要求：
VMware Host Client 支持的操作系统和 Web 浏览器版本见表 1-1。

项目 1　安装和管理 ESXi 主机

表 1-1　VMware Host Client 支持的操作系统和 Web 浏览器版本一览表

支持的浏览器	mac OS	Windows	Linux
Google Chrome	50+	50+	50+
Mozilla Firefox	45+	45+	45+
Microsoft Internet Explorer	不适用	11+	不适用
Microsoft Edge	不适用	38+	不适用
Safari	9.0+	不适用	不适用

1.4　项目实施

任务 1-1　安装 ESXi 8.0

1. 任务描述

工程师小李在安装 ESXi 8.0 前，需检测 ESXi 8.0 安装环境，是否满足 ESXi 8.0 安装要求（根据实际情况，此步可以跳过）。同时，安装 ESXi 8.0 实现服务器虚拟化功能。（注：在物理机的 BIOS 中要开启虚拟化支持。）

2. 任务实施

（1）在 VMware Workstation 中新建一个虚拟机，将光盘中的 cpuid.iso 挂载到虚拟机的 CD/DVD 中，同时勾选处理器的"虚拟化引擎"区域的"虚拟化 Intel VT-x/EPT 或 AMD-V/RVI"复选框，如图 1-2 所示。

图 1-2　虚拟机环境准备

安装 ESXi

学习笔记

（2）开启虚拟机，稍等片刻进入检测界面，检测结果如图 1-3 所示。

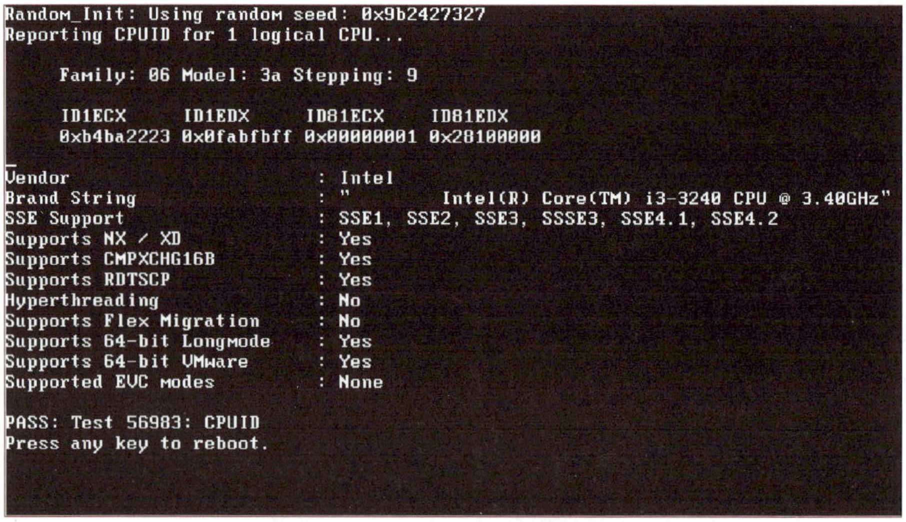

图 1-3 CPU 虚拟化参数检测结果

（3）从图 1-3 的参数可知，虚拟机的 CPU 支持 VMware 虚拟化，挂载 ESXi 8.0 的系统镜像。启动虚拟机（虚拟机的内存最低为 4 GB，否则，将无法安装 ESXi 8.0），进入 ESXi 8.0 的启动界面，直接按【Enter】键进入安装，如图 1-4 所示。

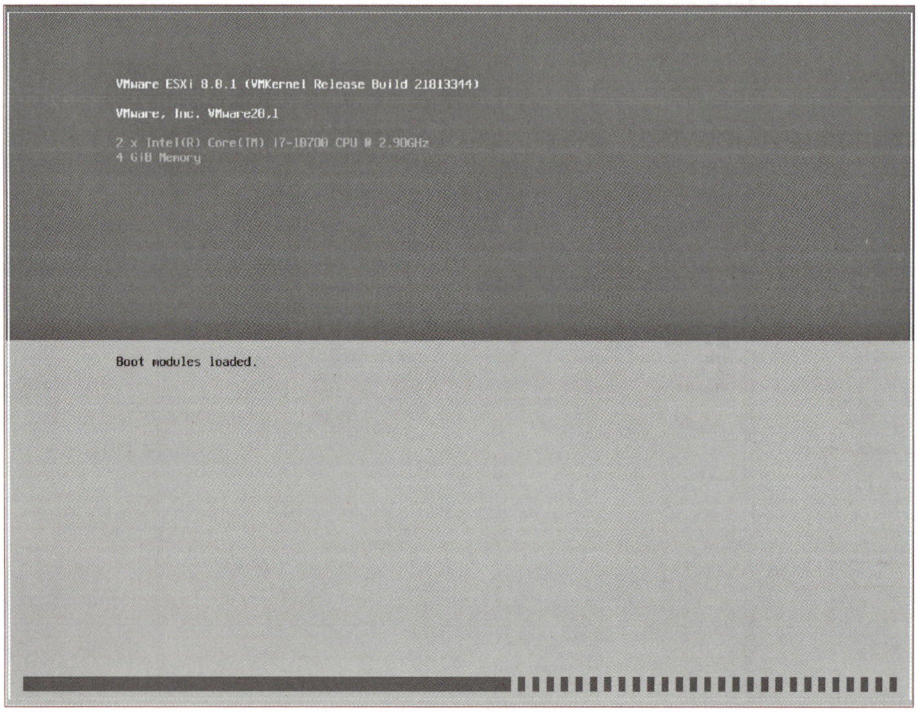

图 1-4 ESXi 8.0 安装加载界面

学习笔记

（4）加载了必要的安装文件后，出现欢迎界面，按【Enter】键继续，如图 1-5 所示。在用户许可界面按【F11】键继续，如图 1-6 所示。以后出现选择系统安装的磁盘界面按【Enter】键继续安装，如图 1-7 和图 1-8 所示。

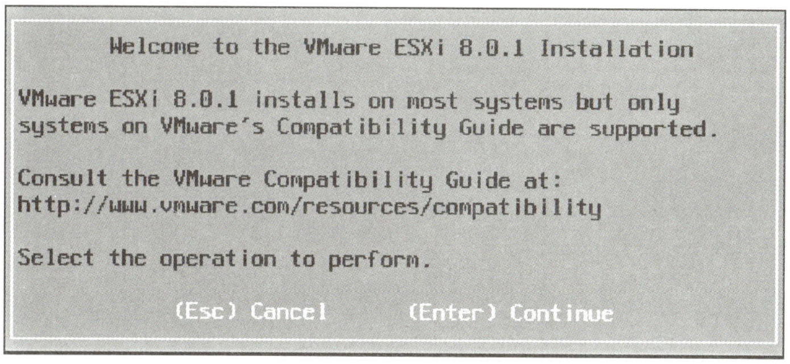

图 1-5　ESXi 8.0 安装欢迎界面

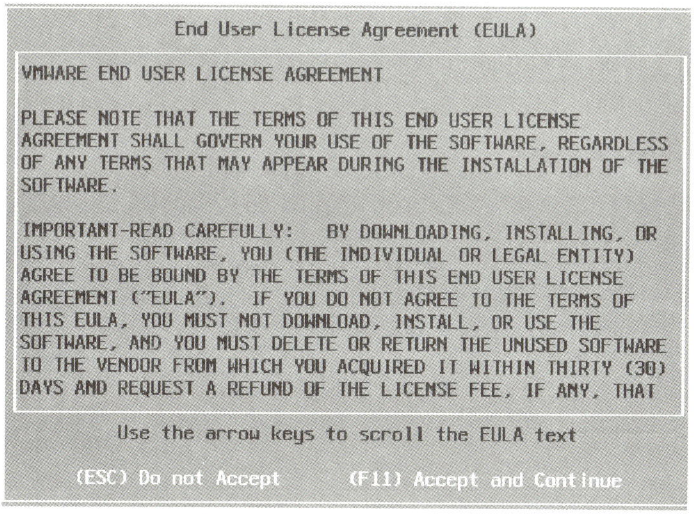

图 1-6　ESXi 8.0 安装用户许可协议

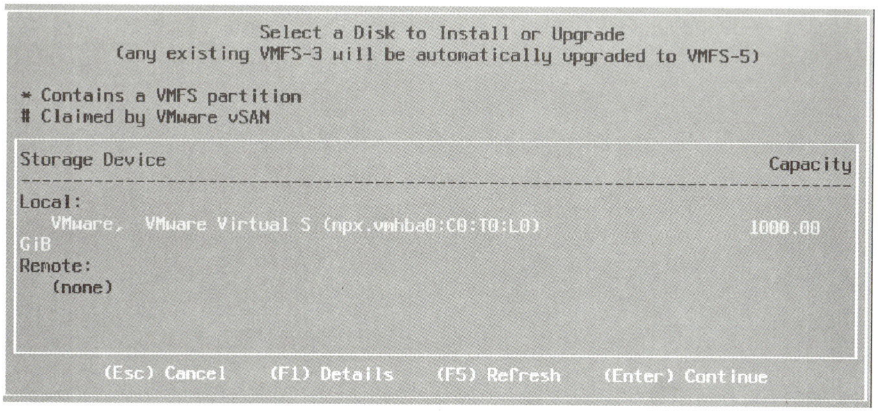

图 1-7　选择系统安装的磁盘

学习笔记

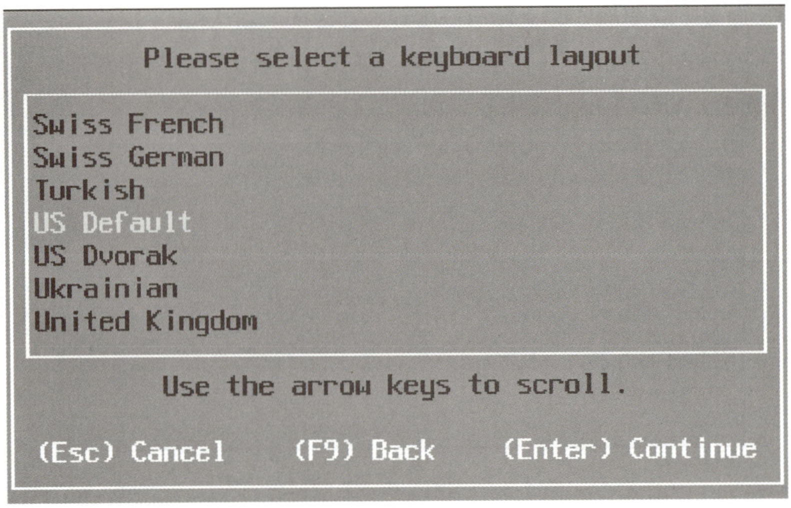

图 1-8　选择键盘布局

（5）设置 ESXi 主机 Root 用户的用户密码，如图 1-9 所示。以后出现的界面按【Enter】键或【F11】键继续安装，如图 1-10 所示。经过一段时间的等待，安装完成界面如图 1-11 所示。

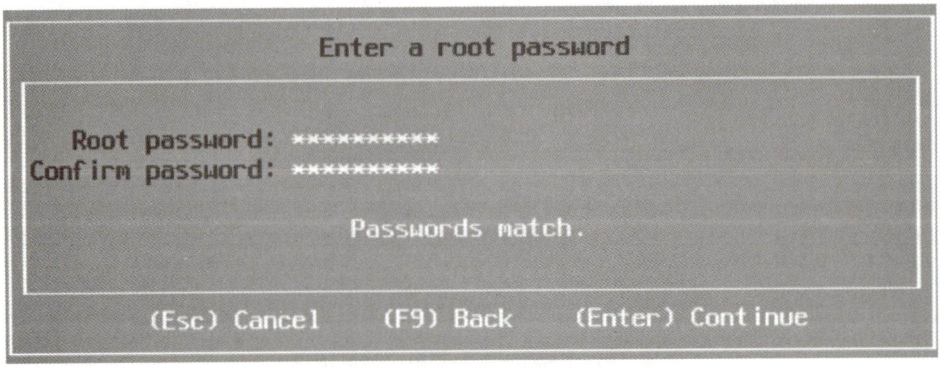

图 1-9　设置 Root 用户密码

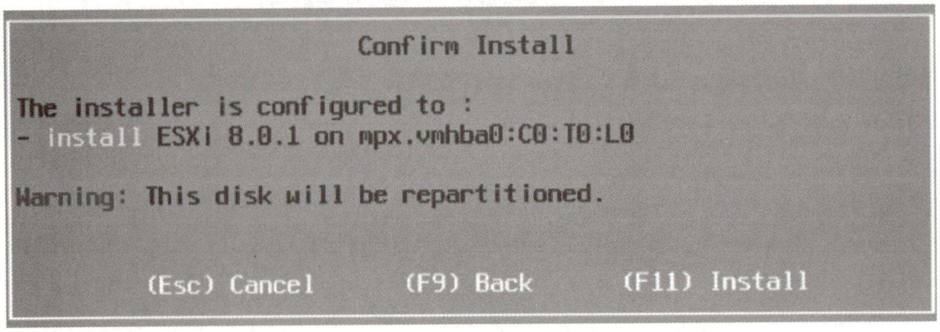

图 1-10　确认安装

```
Installation Complete

ESXi 8.0.1 has been installed successfully.

ESXi 8.0.1 will operate in evaluation mode for 60 days.
To use ESXi 8.0.1 after the evaluation period, you must
register for a VMware product license.

To administer your server, navigate to the server's
hostname or IP address from your web browser or use the
Direct Control User Interface.

Remove the installation media before rebooting.

Reboot the server to start using ESXi 8.0.1.

              (Enter) Reboot
```

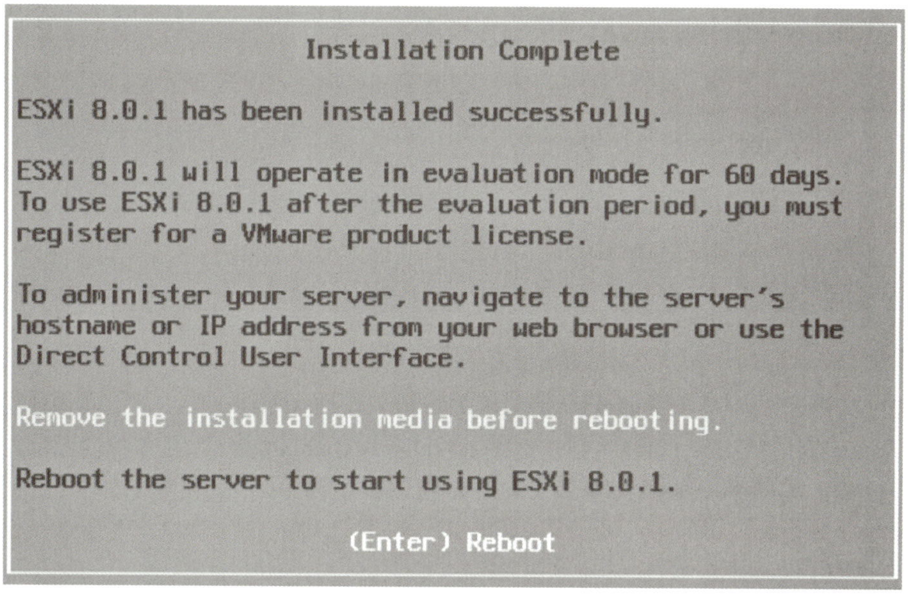

图 1-11　ESXi 8.0 安装完成

> **注意**：
> 若 CPU 没有开启虚拟化功能，ESXi 一直卡在启动过程中。

（6）等待 ESXi 启动完毕后，设置 ESXi 主机的管理 IP。按【F2】键进入系统配置界面，此时需要认证，输入安装 ESXi 时的用户密码（默认为空），按【Enter】键确认。选择"Configure Management Network"（管理网络配置）选项，如图 1-12 和图 1-13 所示。

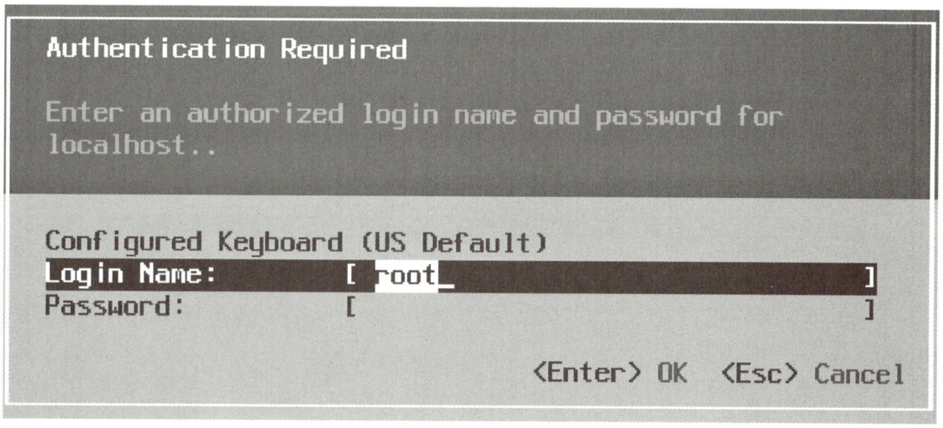

```
Authentication Required

Enter an authorized login name and password for
localhost..


Configured Keyboard (US Default)
Login Name:           [ root_                              ]
Password:             [                                    ]


                      <Enter> OK  <Esc> Cancel
```

图 1-12　登录认证

```
System Customization

Configure Password
Configure Lockdown Mode

Configure Management Network
Restart Management Network
Test Management Network
Network Restore Options
```

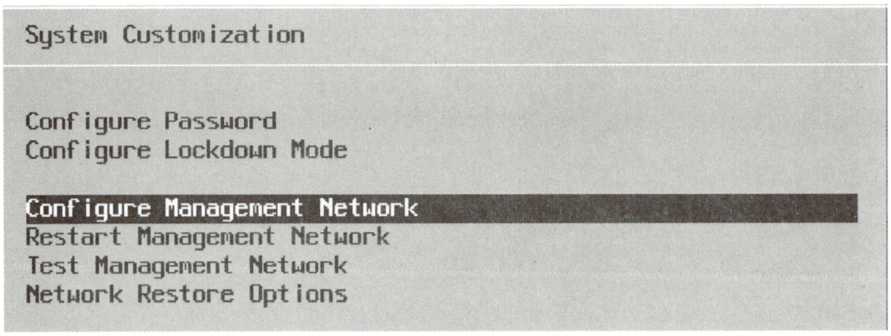

图 1-13　配置管理网络

（7）选择"IPv4 Configuration"（IP 设置）选项，如图 1-14 所示。然后使用向下方向键选择"Set static IPv4 address and network configuration"（静态 IP 地址设置）选项，按"空格"键使选择生效，然后设置 IP 地址为 192.168.182.141，子网掩码为 255.255.255.0，网关为 192.168.182.2。按【Enter】键确认，如图 1-15 所示。

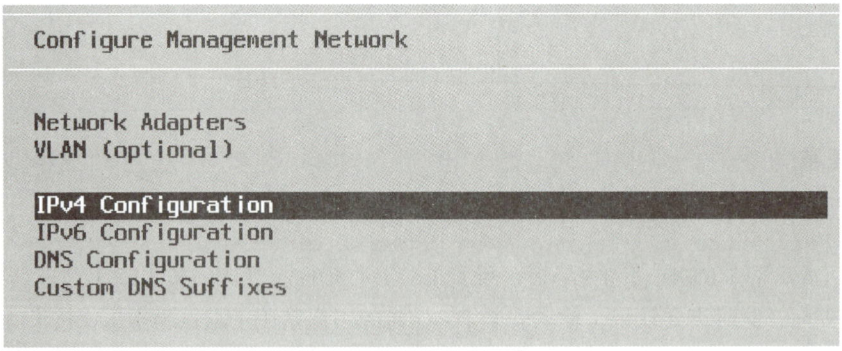

```
Configure Management Network

Network Adapters
VLAN (optional)

IPv4 Configuration
IPv6 Configuration
DNS Configuration
Custom DNS Suffixes
```

图 1-14　IPv4 地址设置

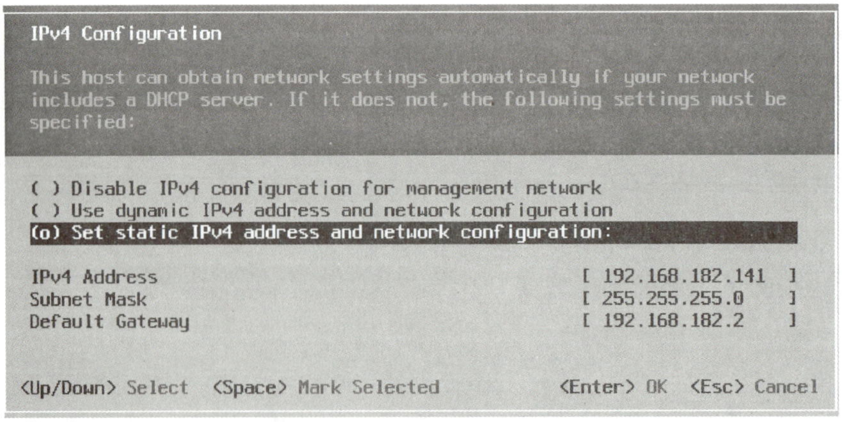

```
IPv4 Configuration

This host can obtain network settings automatically if your network
includes a DHCP server. If it does not, the following settings must be
specified:

( ) Disable IPv4 configuration for management network
( ) Use dynamic IPv4 address and network configuration
(o) Set static IPv4 address and network configuration:

IPv4 Address                              [ 192.168.182.141 ]
Subnet Mask                               [ 255.255.255.0   ]
Default Gateway                           [ 192.168.182.2   ]


<Up/Down> Select   <Space> Mark Selected     <Enter> OK  <Esc> Cancel
```

图 1-15　设置静态 IP 地址

（8）按【Esc】键退出 IP 配置界面，此时，出现确认提示。输入"y"进行确认，如图 1-16 所示。此步骤必须执行，否则，配置的 IP 地址不会生效。

项目 1 安装和管理 ESXi 主机

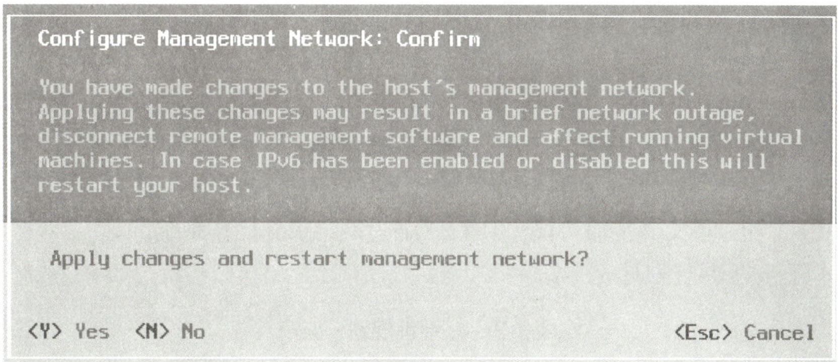

图 1-16 确认更改管理网络

（9）管理 IP 地址配置结果，如图 1-17 所示。可以使用 ESXi Host Client 对该 ESXi 主机使用 IP 地址 192.168.182.141 进行管理。

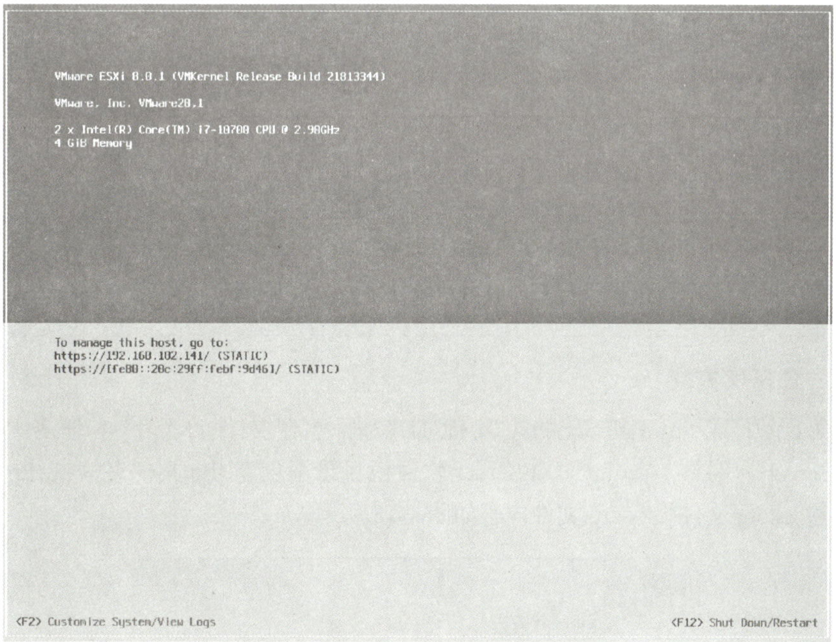

图 1-17 ESXi 8.0 系统首页

任务 1-2 使用 PXE 方式安装 ESXi 8.0

1. 任务描述

虚拟化工程师小李实施一个虚拟化项目，本项目需要部署 6 台 ESXi 主机，按以往的安装方式是一台一台分别进行安装，为了节省部署时间。小李准备通过 PXE 方式一次性安装 6 台 ESXi 主机。

通过使用无须人工干预的脚本式安装或升级快速部署 ESXi 主机，脚本式安装或升级可提供高效的多主机部署方式。安装或升级脚本包含 ESXi 的安装设置，可

PXE方式安装
ESXi

以将该脚本应用到希望拥有相似配置的所有主机上。对于脚本式安装或升级，必须使用支持的命令创建脚本。可以编辑脚本，以更改每台主机独有的设置。

从 vSphere 6.0 开始，可以使用旧版 BIOS 或通过 UEFI 从主机上的网络接口以 PXE 方式引导 ESXi 安装程序。ESXi 是以 ISO 格式分发的，旨在安装到闪存或本地硬盘驱动器。可以解压文件并使用 PXE 进行引导。PXE 使用动态主机配置协议（DHCP）和简单文件传输协议（TFTP）通过网络引导操作系统。

本任务的 IP 规划见表 1-2。

表 1-2 IP 地址规划一览表

项 目	IP 地址
TFTP 服务器	192.168.182.1
DHCP 服务器	192.168.182.1
Web 服务器	192.168.182.1
DHCP 分配 IP 地址	范围：192.168.1.2/24~192.168.1.10 网关：192.168.182.1

> **注意：**
> 部署网络中不能存在另外的 DHCP 服务，若存在，将其关闭。否则，会影响主机的 IP 地址获取和 TFTP 文件传输，导致无法启动 PXE。

2. 任务实施

（1）下载 tiny PXEServer（其他 TFTP 服务器软件亦可，本任务以 tiny PXEServer 为例），在 tiny PXEServer 软件根目录下创建 tftp 文件夹，在 tftp 目录中创建 ks.cfg 文件。ks.cfg 文件内容如图 1-18 所示。

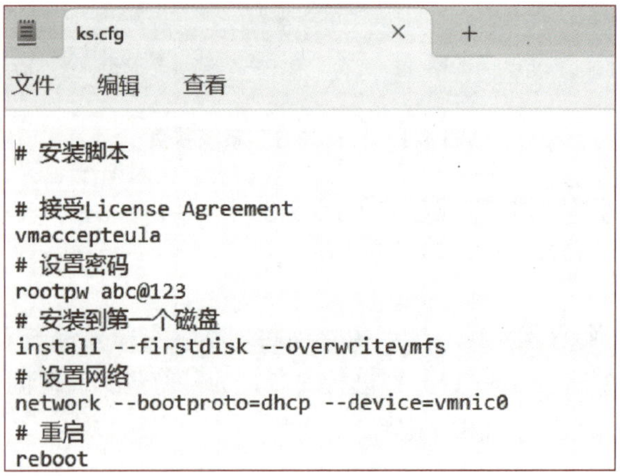

```
# 安装脚本

# 接受License Agreement
vmaccepteula
# 设置密码
rootpw abc@123
# 安装到第一个磁盘
install --firstdisk --overwritevmfs
# 设置网络
network --bootproto=dhcp --device=vmnic0
# 重启
reboot
```

图 1-18 ks.cfg 文件内容

（2）解压 ESXi-8.0U1a-21813344-standard.iso，将解压文件夹复制到 tftp 目录，并重命名为 ESXi 8.0。编辑 ESXi 8.0 下的 BOOT.CFG 文件。将第 4 行修改为 prefix=ESXi8.0（prefix 的值为 ESXi 安装程序相对于 tftp 目录的路径名），同时删除 kernel 和 modules 两行中所有的"/"（可以用文本编辑器的"替换"功能进行删除）。将原有的 kernelopt 行注释掉，增加 kernelopt=ks=http://192.168.182.1/ks.cfg，如图 1-19 所示。

```
bootstate=0
title=Loading ESXi installer
timeout=5
prefix=ESXi8.0
kernel=b.b00
kernelopt=ks=http://192.168.182.1/ks.cfg
modules=jumpstrt.gz --- useropts.gz --- features.gz --- k.b00 --- uc_intel.b00
bnxtroce.v00 --- brcmfcoe.v00 --- cndi_igc.v00 --- dwi2c.v00 --- elxiscsi.v00
lpfc.v00 --- lpnic.v00 --- lsi_mr3.v00 --- lsi_msgp.v00 --- lsi_msgp.v01 --- l
nvmerdma.v00 --- nvmetcp.v00 --- nvmxnet3.v00 --- nvmxnet3.v01 --- pvscsi.v00
smartpqi.v00 --- vmkata.v00 --- vmksdhci.v00 --- vmkusb.v00 --- vmw_ahci.v00 -
esxio_co.v00 --- loadesx.v00 --- lsuv2_hp.v00 --- lsuv2_in.v00 --- lsuv2_ls.v0
vmware_e.v00 --- vsan.v00 --- vsanheal.v00 --- vsanmgmt.v00 --- tools.t00 ---
build=8.0.1-0.10.21813344
updated=0
```

图 1-19 BOOT.CFG 文件内容

（3）通过网络下载 syslinux-3.86.zip 后解压，将其 core 文件夹中的 pxelinux.0 文件复制到 tftpd 目录。并新建 pxelinux.cfg 文件夹，创建 default 文件，文件内容如下：

```
DEFAULT install
NOHALT 1
LABEL install
KERNEL ESXi8.0/mboot.c32
APPEND -c ESXi8.0/boot.cfg
IPAPPEND 2
```

（4）运行 Tiny PXE Server 并设置 DHCP 和 HTTP，将 Boot File 中的 Filename 设置为 pxelinux.0，单击 Online 按钮启动相应的服务，如图 1-20 所示。

（5）运行 VMware Workstaion 新建 1 台虚拟机，在安装向导的"安装客户机操作系统"界面中选择"稍后安装操作系统"单选按钮，如图 1-21 所示。新建完成后，打开"虚拟机设置"对话框，在"选项"选项卡中选择"高级"选项，将固件类型设置为"BISO（B）"，如图 1-22 所示。

（6）启动该虚拟机，虚拟机将从网络启动进行 ESXi 8.0 安装，如图 1-23 所示。

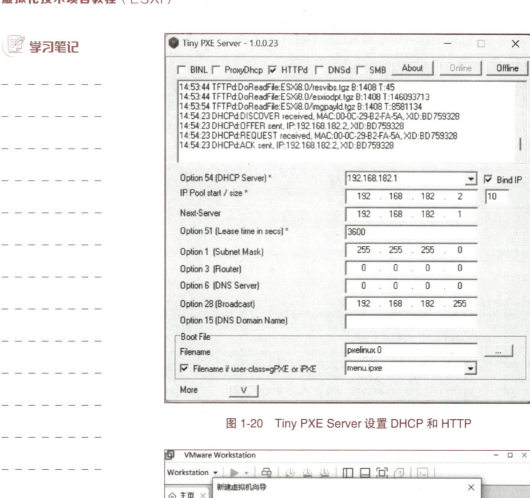

图 1-20 Tiny PXE Server 设置 DHCP 和 HTTP

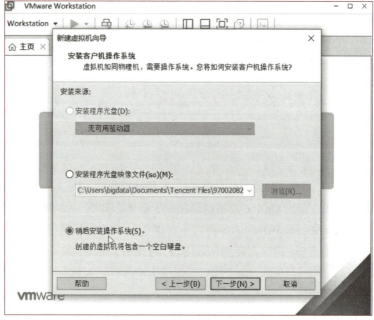

图 1-21 选择"稍后安装操作系统"单选按钮

项目 1　安装和管理 ESXi 主机

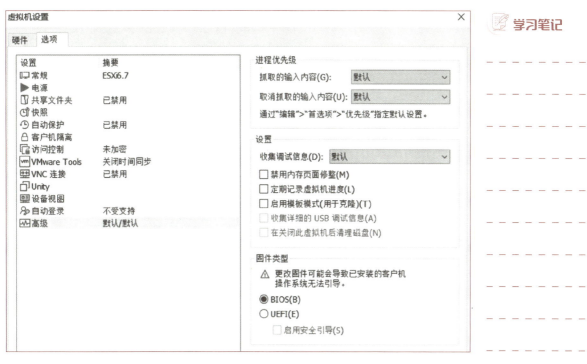

图 1-22　将固件类型设置为"BISO（B）"

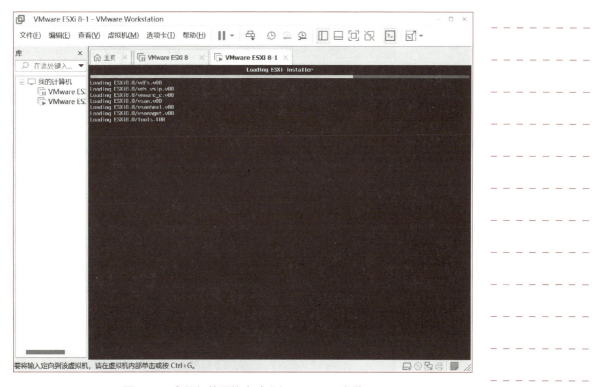

图 1-23　虚拟机从网络启动进行 ESXi 8.0 安装

任务1-3　使用 VMware Host Client 管理 ESXi 主机

1. 任务描述

安装完 ESXi 8.0 后，网络工程师小李需要对该主机进行一些配置，如创建虚拟机、配置网络交换机等，如何进行配置？非常简单，小李可以通过 VMware Host Client 登录 ESXi 主机，对该 ESXi 8.0 主机进行配置。

2. 任务实施

（1）使用浏览器访问 https：//192.168.182.141，用户名：输入 ESXi 主机的用户名（默认为 root），密码：输入 ESXi 主机的用户名对应的密码。单击"登录"按钮即可管理 ESXi 主机，如图 1-24 所示。

图 1-24　通过 VMware Host Client 登录 ESXi 主机界面

（2）若 VMware Host Client 和 ESXi 主机通信正常，且用户名和密码正确。此时，会弹出"加入 VMware 客户体验改进计划"对话框，单击"确定"按钮，进入 ESXi 8.0 的配置界面，如图 1-25 所示。

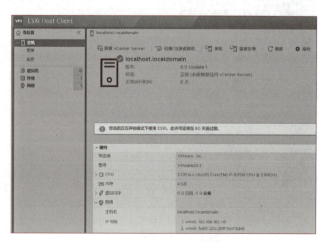

图 1-25　ESXi 8.0 的配置界面

任务 1-4　使用 SSH 命令行管理 ESXi 主机

1. 任务描述

当无法使用 VMware Host Client 和 vCenter Server 管理 ESXi 主机时，网络工程师小李如何配置 ESXi 8.0？可以在安装完 ESXi 8.0 后，开启该 ESXi 主机的 SSH 功能，这样就可以使用命令行的形式配置 ESXi 主机。（注：在生产环境中，视情况决定是否开启此功能。）

2. 任务实施

（1）在 ESXi 主机界面，按【F2】键进入配置界面，在弹出的对话框中输入用户名和密码。在配置界面中选择 Troubleshooting Options 选项，如图 1-26 所示。

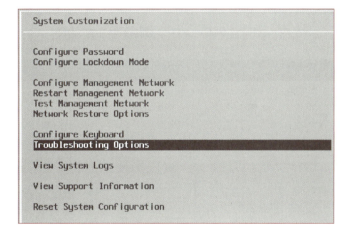

图 1-26　选择 Troubleshooting Options 选项

（2）开启 ESXi Shell 和 SSH。选中相应选项按【Enter】键即可开启，如图 1-27 和图 1-28 所示。

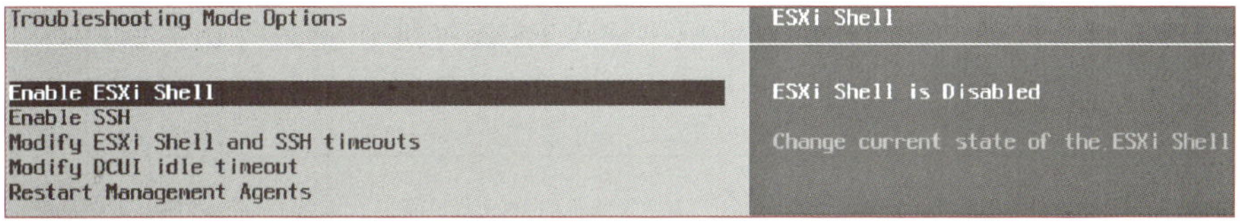

图 1-27　使能 ESXi Shell

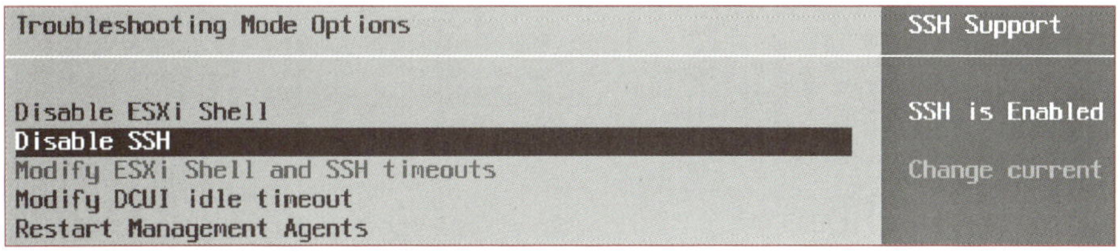

图 1-28　使能 SSH

（3）也可通过 VMware Host Client 和 vSphere Client 进行配置，如图 1-29 和图 1-30 所示。

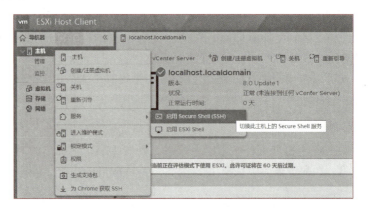

图 1-29　在 VMware Host Client 中开启 SSH

图 1-30　在 vSphere Client 中开启 SSH

（4）使用 Xshell 连接 ESXi 主机（亦可以使用其他软件），单击 Quick Connect（快速连接）按钮，在弹出的对话框中输入 ESXi 主机 IP 地址等相关信息，单击 Connect（连接）按钮，如图 1-31 所示。

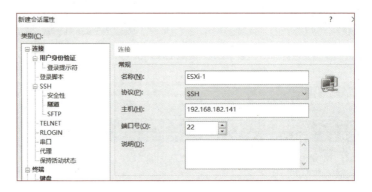

图 1-31　使用 Xshell 连接 ESXi 主机

学习笔记

（5）弹出 Host Key 界面，选择 Accept &Save（接受并保存）选项，输入 ESXi 主机的用户名（默认为 root）和密码，如图 1-32 至图 1-34 所示。

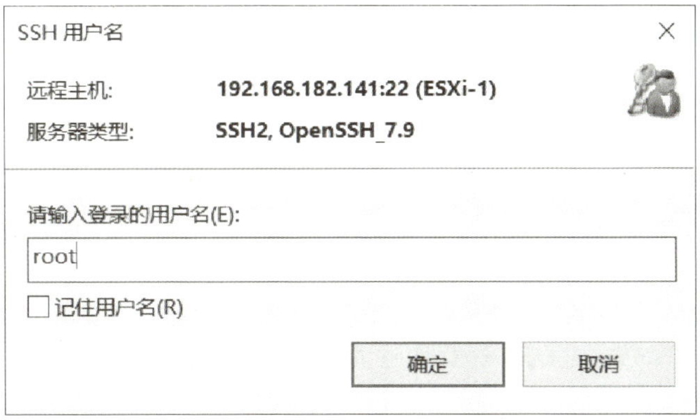

图 1-32　输入登录的用户名

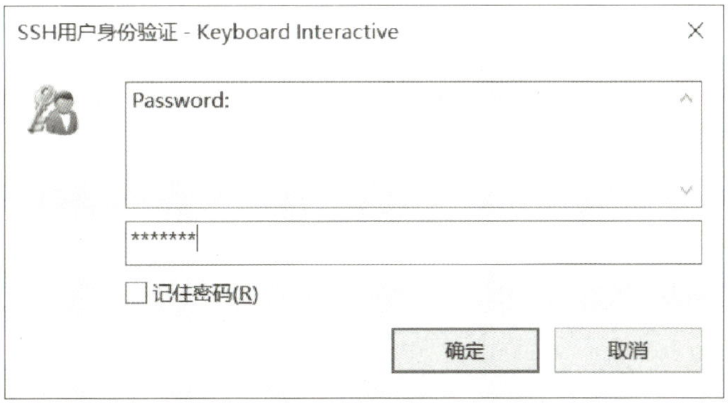

图 1-33　输入密码

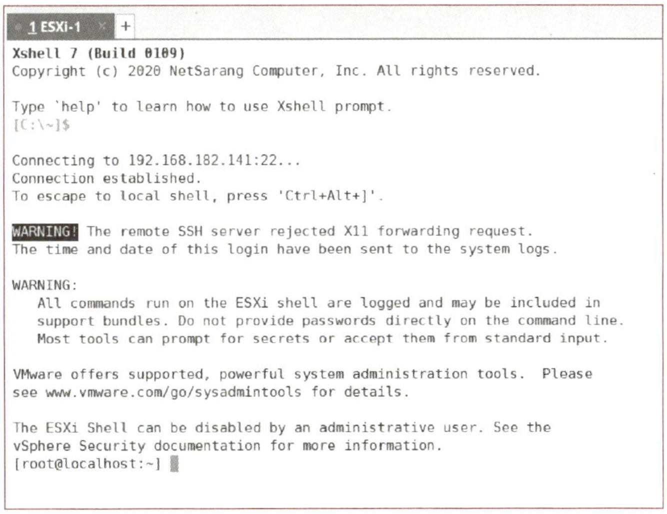

图 1-34　登录成功

(6) 常用的 esxcli 命令。

①显示 ESXi 主机的设备驱动信息:

```
[root@localhost: ~] esxcli device driver list
Device      Driver      Status      KB Article
------      ------      ------      ----------
vmnic0      e1000       normal
vmhba1      mptspi      normal
vmhba0      vmkata      normal
```

②显示网卡的状态信息:

```
[root@localhost: ~] esxcli network nic stats get -n vmnic0
NIC statistics for vmnic0
   Packets received: 654488
   Packets sent: 85842
   Bytes received: 381550514
   Bytes sent: 46644143
   Receive packets dropped: 0
   Transmit packets dropped: 0
   Multicast packets received: 0
   Broadcast packets received: 0
```

③显示主机下所有的虚拟机:

```
[root@localhost: ~] vim-cmdvmsvc/getallvms
Vmid Name     File     Guest OS     Version Annotation
2  VMware vCenter Server Appliance1     [datastore1] VMware
vCenter Server Appliance1/VMware vCenter Server Appliance1.
vmx     other3xLinux64Guest     vmx-10VMware vCenter Server Appliance
4  ubuntu[datastore1] ubuntu/ubuntu.vmx     ubuntu64Guest     vmx-13
```

④显示主机下正在运行的虚拟机,从返回的结果可以看出,只有 VMware vCenter Server Appliance1 正在运行。

```
[root@localhost: ~] esxclivm process list
VMware vCenter Server Appliance1
   World ID: 67628
   Process ID: 0
   VMX Cartel ID: 67627
   UUID: 56 4d 47 96 ed 8e c1 8b-a6 1c 92 49 87 1f d4 71
   Display Name: VMware vCenter Server Appliance1
Config File: /vmfs/volumes/5b96384d-aa259ea7-0db0-000c299d667f/VMware
vCenter Server Appliance1/VMware vCenter Server Appliance1.vmx
```

⑤启动 ESXi 主机中的 Ubuntu 虚拟机:

下面使用 vim-cmdvmsvc/power.onvmid (vmid 为虚拟机的 ID 号)启动 Ubuntu

虚拟机。从③可知，Ubuntu 虚拟机的 vmid 是 4，使用如下命令启动该虚拟机。

```
[root@localhost: ~] vim-cmdvmsvc/power.on 4
Powering on VM:
```

查看结果

```
[root@localhost: ~] esxclivm process list
VMware vCenter Server Appliance1
   World ID: 67628
   Process ID: 0
   VMX Cartel ID: 67627
   UUID: 56 4d 47 96 ed 8e c1 8b-a6 1c 92 49 87 1f d4 71
   Display Name: VMware vCenter Server Appliance1
Config File: /vmfs/volumes/5b96384d-aa259ea7-0db0-000c299d667f/VMware vCenter Server Appliance1/VMware vCenter Server Appliance1.vmx

ubuntu
   World ID: 70034
   Process ID: 0
   VMX Cartel ID: 70033
   UUID: 42 35 18 e1 1d 55 97 25-2d 5a b8 9a 29 c3 44 3e
   Display Name: ubuntu
Config File: /vmfs/volumes/5b96384d-aa259ea7-0db0-000c299d667f/ubuntu/ubuntu.vmx
```

> **注意：**
> 当 VMware vCenter Server Appliance1 不能随主机启动时，且使用 VMware Host Client 和 vShpere Client 均无法访问 ESXi 主机，这种情况下会严重影响对 ESXi 主机的管理。那么，可以使用上述启动虚拟机的方法，通过 SSH 命令行手动启动 VMware vCenter Server Appliance1。

任务 1-5　注册虚拟机

1. 任务描述

信息中心准备配置一台虚拟机部署 Nextcloud，为校内的老师提供网盘服务。但是，网络工程师小李忘记了 ESXi 主机的 root 用户密码，没有办法登录 ESXi 主机新建虚拟机。怎么办呢？此时，可以在重新安装 ESXi 时，选择 Install ESXi, preserve VMFS datastore 选项，以保留原有的数据存储，并通过注册虚拟机的方式恢复原有虚拟机。

2. 任务实施

（1）加载 ESXi 8.0 的系统镜像，重新安装 ESXi 8.0。由于磁盘已安装过 ESXi 8.0，系统在安装过程中会扫描磁盘是否存在 ESXi 8.0，此时选择 Install ESXi，preserve VMFS datastore 选项，如图 1-35 所示。

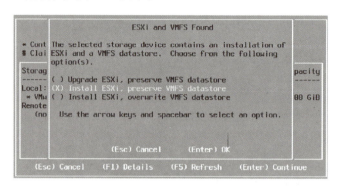

图 1-35　选择 Install ESXi，preserve VMFS datastore 选项

（2）重新设置密码，如图 1-36 所示。

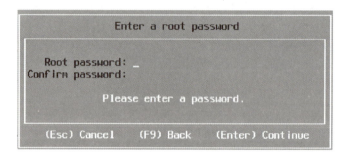

图 1-36　重新设置密码

（3）安装完毕后，通过 VMware Host Client 或 vShpere Client 登录该 ESXi 主机。选择主机上的磁盘，选择"数据存储浏览器"，重新注册原有的虚拟机，如图 1-37 所示。

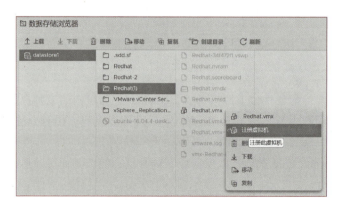

图 1-37　注册虚拟机

小 结

本项目首先介绍安装 ESXi 8.0 所需的硬件条件、引导和存储要求，接着介绍了 PXE 引导安装 ESXi 8.0 的必备服务，最后介绍了 VMware Host Client。根据实际工作任务场景，实施了安装 ESXi 8.0、使用 PXE 方式安装 ESXi 8.0、使用 VMware Host Client 管理 ESXi 主机、使用 SSH 命令行管理 ESXi 主机、注册虚拟机等五个工作任务，每个工作任务有详细的操作步骤，同时，强调了在任务实施过程中要注意的问题。

练 习

一、选择题

1. VMware ESXi（　　）。
   A. 只能运行在 VMware 公司自家的服务器上
   B. 只能运行在指定厂商的服务器上
   C. 可以运行在绝大多数服务器硬件平台上
   D. 可以运行在不受支持的服务器上

2. 在实体机上安装 VMware ESXi 前，需要的准备工作是（　　）。
   A. 确认硬件是否兼容、创建虚拟机并安装操作系统
   B. 格式化硬盘、备份数据、关闭杀毒软件
   C. 下载 VMware ESXi 镜像文件、制作启动 U 盘、检查 BIOS 设置
   D. 直接将 ESXi 安装文件复制到硬盘

3. 为了在 VMware ESXi 上尽可能运行较多的虚拟机，需要配置（　　）。
   A. 虚拟交换机和 VLAN　　　　　　B. 存储空间和磁盘容量
   C. CPU 和内存资源分配　　　　　　D. 随便创建虚拟机

4. 安装 VMware ESXi 时，可以选择的安装方式有（　　）。
   A. 自动化安装和手动安装　　　　　B. 在线安装和离线安装
   C. 标准安装和定制安装　　　　　　D. 通过互联网安装

5. 如何确定 VMware ESXi 是否已经正确安装并启动？（　　）（选择两个）
   A. 查看 BIOS 设置、检查网络连接　B. 查看主机 LED 灯状态
   C. 登录到 ESXi 主机并检查状态　　D. 通过 dcui 检查运行状态

6. 如果要通过网络安装 VMware ESXi，需要首先配置（　　）。
   A. DHCP 服务器和 TFTP 服务器　　B. DNS 服务器和 FTP 服务器
   C. HTTP 服务器和 NFS 服务器　　　D. RDP 服务器

7. 在安装 VMware ESXi 之前，需要确定计算机是否（　　）。（选择两个）
   A. 支持虚拟化技术　　　　　　　　　　B. 至少有 4 GB 内存
   C. 支持硬件虚拟化　　　　　　　　　　D. 支持硬件直通
8. 在 VMware ESXi 中，可以通过（　　）方式管理主机。（选择三个）
   A. 串口　　　　　　　　　　　　　　　B. PowerCLI
   C. vSphere Web Client　　　　　　　　D. ESXi Shell
9. 管理员登录到 ESXi 主机控制台界面，要关闭该主机的操作是（　　）。
   A. 按【F12】键　　　　　　　　　　　B. 按【F2】键
   C. 按【Alt + F1】组合键　　　　　　　D. 按【Alt + F2】组合键
10. 管理员通过编写 kickstart 脚本来升级 ESXi 6.x 主机，该 ks.cfg 文件可以存放在哪里？（　　）（选择三个）
    A. NFS　　　　B. USB　　　　C. HTTP　　　　D. TFTP
    E. PXE

二、简答题

1. 简述 ESXi 8.0 主机密码要求。
2. ESXi 8.0 主机开启 SSH 功能有哪些作用？
3. 简述使用 PXE 部署 ESXi 8.0 时，DHCP、TFTP、HTTP 的作用？
4. 简述 VMware Host Client 的作用。
5. 管理员忘记了 ESXi 8.0 主机的密码，该如何重置密码？

拓展阅读

华为 FusionSphere

FusionSphere 是华为具有自主知识产权的云操作系统，集虚拟化平台和云管理特性于一身，让云计算平台建设和使用更加简捷，专门满足企业和运营商客户云计算的需求。华为云操作系统专门为云设计和优化提供强大的虚拟化功能和资源池管理、丰富的云基础服务组件和工具、开放的 API 接口等，全面支撑传统和新型的企业服务，极大地提升 IT 资产价值和提高 IT 运营维护效率，降低运维成本。

FusionSphere 包括 FusionCompute 虚拟化引擎和 FusionManager 云管理等组件，能够为客户大大提高 IT 基础设施的利用效率，提高运营维护效率，降低 IT 成本。

FusionCompute 是云操作系统基础软件，主要由虚拟化基础平台和云基础服务平台组成，主要负责硬件资源的虚拟化，以及对虚拟资源、业务资源、用户资源的集中管理。它采用虚拟计算、虚拟存储、虚拟网络等技术，完成计算资源、存储资源、网络资源的虚拟化；同时通过统一的接口，对这些虚拟资源进行集中调度和管理，从而降低业务的运行成本，保证系统的安全性和可靠性，协助运营商和企业客户构建安全、绿色、节能的云数据中心。

项目 2
安装 vCenter Server Appliance

2.1 项目导入

学校信息中心为了充分利用现有的硬件资源，将实施一个虚拟化项目，将原有的两台服务器进行虚拟化。在物理服务器上安装 ESXi 8.0，对服务器进行虚拟化。为了对两台 ESXi 主机进行集中管理，工程师小李安装部署 vCenter Server Appliance。

vCenter Server 介绍

2.2 职业能力目标和要求

- 掌握 vCenter Server 设备的硬件和存储要求；
- 了解 vCenter Server 组件和服务；
- 熟悉 vCenter Server Appliance 的软件要求；
- 能熟练安装和配置 vCenter Server Appliance。

2.3 相关知识

2.3.1 vCenter Server 组件和服务

vCenter Server 的功能定义如图 2-1 所示。为虚拟机和主机的管理、操作、资源置备和性能评估提供了一个集中式平台。

部署 vCenter Server Appliance 时，将在同一系统上部署 vCenter Server、vCenter Server 组件和身份验证服务。

以下组件包含在 vCenter Server Appliance 部署中：

身份验证服务包含 vCenter Single Sign-On、License Service、Lookup Service 和 VMware Certificate Authority。

什么是vCenter Server？

通过vCenter Server，您可以管理多台ESX/ESXi主机以及这些主机上的虚拟机，由于这些环境规模的不断提升，vCenter Server还提供了一些有用的管理工具，例如，将主机和虚拟机组织为带有vSphere DRS和vSphere HA功能的群集。可以通过vSphere Web Client管理多个vCenter Server系统，并在一个"窗口"下呈现和管理各个单独的清单。

凡是您具有权限并且已向Lookup Service注册或已使用"系统管理"部分中的vCenter注册工具手动添加的vCenter Server系统，都将显示在清单的左侧。

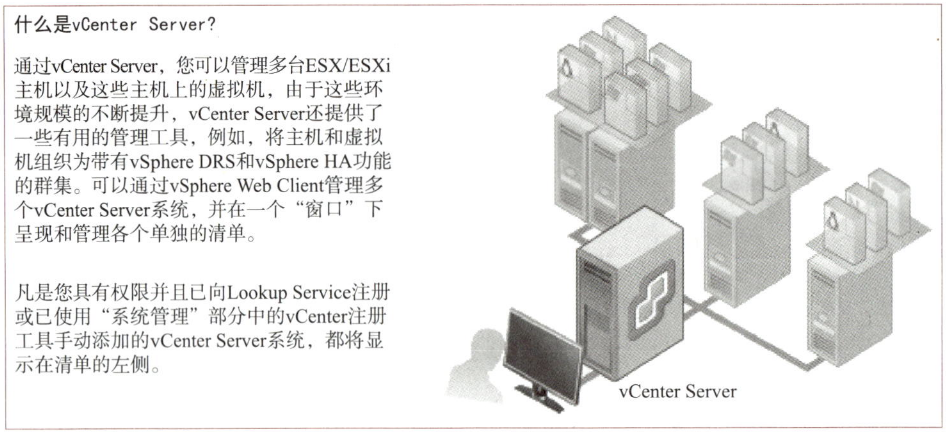

图 2-1 vCenter Server 的功能

vCenter Server 服务组包含 vCenter Server、vSphere Client、vSphere Auto Deploy 和 vSphere ESXi Dump Collector。

vCenter Server Appliance 还包含 VMware vSphere Lifecycle Manager 扩展服务和 VMware vCenter Lifecycle Manager。

2.3.2 随 vCenter Server 一起安装的服务

安装 vCenter Server 时，将以静默方式安装这些附加组件。这些组件不能单独安装，因为它们没有自己的安装程序。

1. PostgreSQL

VMware 分发的用于 vSphere 和 vCloud Hybrid Service 的 PostgreSQL 数据库捆绑版本。

2. vSphere Client

通过基于HTML5的用户界面，可以使用Web浏览器连接到vCenter Server实例。从 vSphere 7.0 开始，此 vSphere Client 将替代基于 Flex 的 vSphere Web Client。

3. vSphere ESXi Dump Collector

vCenter Server 支持工具。可以将 ESXi 配置为在系统发生严重故障时将 VMkernel 内存保存到网络服务器而非磁盘。vSphere ESXi Dump Collector 将通过网络收集这些内存转储。

4. vSphere Auto Deploy

vCenter Server 支持工具，能够使用 ESXi 软件置备大量物理主机。可以指定要部署的映像以及要使用此映像置备的主机。也可以指定应用到主机的主机配置文件，并且为每个主机指定 vCenter Server 位置（文件夹或集群）。

5. VMware vSphere Lifecycle Manager 扩展

vSphere Lifecycle Manager 可让 VMware vSphere 执行集中式自动修补程序和

版本管理,并提供对 VMware ESXi 主机、虚拟机和虚拟设备的支持。VMware vSphere Lifecycle Manager 扩展是 vCenter Server Appliance 的可选服务。

6. VMware vCenter Lifecycle Manager

vCenter Lifecycle Manager 自动执行虚拟机管理过程,并在适当的时候从服务中移除虚拟机。vCenter Lifecycle Manager 根据服务器的位置、组织、环境、服务级别或性能级别自动放置服务器。根据一组条件找到解决方案时,会自动部署计算机。

2.3.3 vCenter Server Appliance 概览

vCenter Server Appliance 是针对运行 vCenter Server 及关联服务而优化的预配置虚拟机。

vCenter Server Appliance 软件包包含以下软件:

- Photon OS 3.0。
- vSphere 身份验证服务。
- PostgreSQL。
- VMware vSphere Lifecycle Manager 扩展。
- VMware vCenter Lifecycle Manager。

vCenter Server 版本 8.0 上部署了虚拟硬件版本 10,此虚拟硬件版本在 ESXi 中支持每个虚拟机具有 64 个虚拟 CPU。

在部署期间,可以选择适合 vSphere 环境大小的 vCenter Server Appliance 大小以及满足数据库要求的存储大小。

2.3.4 vCenter Server 设备的硬件和存储要求

部署 vCenter Server Appliance 时,可以选择部署适合 vSphere 环境大小的设备。选择的选项将决定 vCenter Server Appliance 的 CPU 数量和内存大小。

vCenter Server Appliance 的硬件要求取决于 vSphere 清单的大小,见表 2-1。

表 2-1 vCenter Server Appliance 的硬件要求

vSphere 环境	vCPU 数目	内存
微型环境(最多 10 个主机或 100 个虚拟机)	2	14 GB
小型环境(最多 100 个主机或 1 000 个虚拟机)	4	21 GB
中型环境(最多 400 个主机或 4 000 个虚拟机)	8	30 GB
大型环境(最多 1 000 个主机或 10 000 个虚拟机)	16	39 GB
超大型环境(最多 2 000 个主机或 35 000 个虚拟机)	24	58 GB

> **注意**:
> 如果要将包含超过 512 个 LUN 和 2 048 个路径的 ESXi 主机添加到 vCenter Server 清单,必须为大型或超大型环境部署 vCenter Server Appliance。

部署 vCenter Server Appliance 时，部署设备的 ESXi 主机或 DRS 集群必须满足最低存储要求。存储要求不但取决于 vSphere 环境大小和存储大小，还取决于磁盘置备模式，见表 2-2。

表 2-2　vCenter Server Appliance 的存储要求

vSphere 环境	默认存储大小	大型存储大小	超大型存储大小
微型环境（最多 10 个主机或 100 个虚拟机）	579 GB	2 019 GB	4 279 GB
小型环境（最多 100 个主机或 1 000 个虚拟机）	694 GB	2 044 GB	4 304 GB
中型环境（最多 400 个主机或 4 000 个虚拟机）	908 GB	2 208 GB	4 468 GB
大型环境（最多 1 000 个主机或 10 000 个虚拟机）	1 358 GB	2 258 GB	4 518 GB
超大型环境（最多 2 000 个主机或 35 000 个虚拟机）	2 283 GB	2 383 GB	4 643 GB

存储要求对于每个 vSphere 环境大小都不同，并且取决于数据库大小要求。

2.3.5　vCenter Server Appliance 的软件要求

VMware vCenter Server Appliance 和 Platform Services Controller 设备可以部署在 ESXi 6.7 或更高版本的主机上，也可以部署在 vCenter Server 6.7 或更高版本的实例上。

可以使用 GUI 或 CLI 安装程序部署 vCenter Server Appliance。应从用于连接到目标服务器的网络客户机运行该安装程序，并在该服务器上部署该设备。可以直接连接到要部署该设备的 ESXi 6.7 主机。还可以连接到 vCenter Server 6.7 实例，以便在位于 vCenter Server 清单中的 ESXi 主机或 DRS 群集上部署该设备。

2.4　项目实施

任务 2-1　部署 vCenter Server Appliance

1. 任务描述

为了对 2 台 ESXi 主机进行集中管理，现部署 vCenter Server Appliance 到 ESXi 主机（192.168.182.141）。

> 说明：
> 本质上 vCenter Server Appliance 是运行在 ESXi 主机的一台虚拟机。

2. 任务实施

（1）设置 ESXi 主机的内存和硬盘，虚拟机的配置如图 2-2 所示，内存最少 14 GB（安装将会检测内存，低于 14 GB 无法安装），硬盘最低 579 GB。

安装vCenter

项目 2 安装 vCenter Server Appliance

图 2-2 虚拟机硬件配置

（2）在本机装载或解压 VMware-VCSA-all-8.0.1-21815093S.iso，运行 vcsa-ui-installer\win32\installer.exe，选择"安装"和"部署 vCenter Server"选项，如图 2-3 和图 2-4 所示。

图 2-3 安装 vCenter Server Appliance

图 2-4 部署 vCenter Server

接受"最终用户许可协议"后在 vCenter Server 中部署目标，输入 ESXi 主机（192.168.182.141）的 IP 地址和 HTTPS 端口号（默认值为 443），以及 ESXi 主机的用户名和密码，弹出"证书警告"对话框时单击"是"按钮，如图 2-5 和图 2-6 所示。

图 2-5　设备部署目标

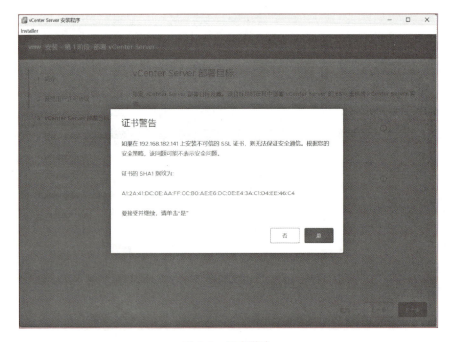

图 2-6　证书警告

项目 2　安装 vCenter Server Appliance

输入 Platform Services Controller 的虚拟机名称（可以自己修改），设置 root 用户的密码，密码必须符合要求，如图 2-7 所示。

图 2-7　设置 vCenter Server 虚拟机

选择部署大小，如图 2-8 所示。

图 2-8　选择部署大小

选择数据存储，如图 2-9 所示。

图 2-9　选择数据存储

配置网络设置，如图 2-10 所示。

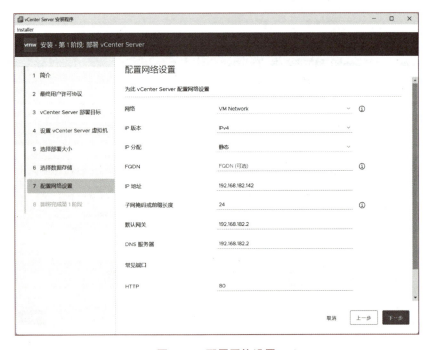

图 2-10　配置网络设置

检查部署参数，完成第 1 阶段部署，如图 2-11 和图 2-12 所示。

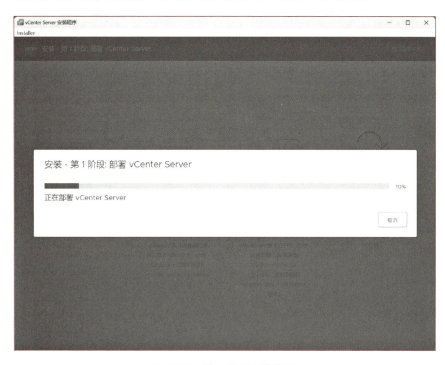

图 2-11　第 1 阶段正在部署

图 2-12　完成第 1 阶段

部署第 2 阶段，如图 2-13 和图 2-14 所示。

图 2-13　设置 vCenter Server Appliance

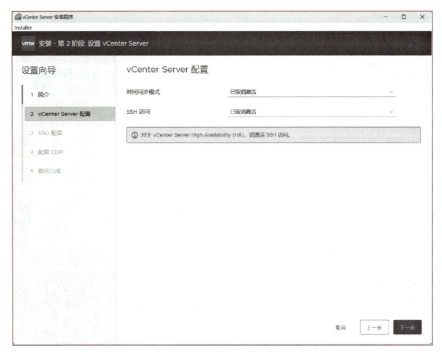

图 2-14　vCenterServer 配置

SSO（vCenter Single Sign-On）配置，如图 2-15 所示。

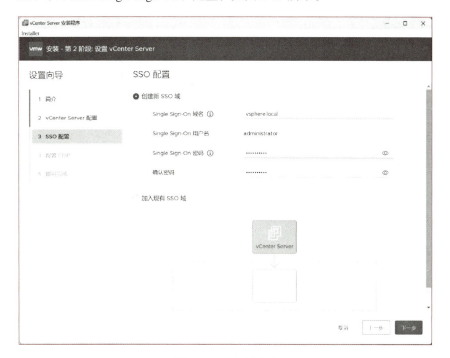

图 2-15　SSO 配置

配置 CEIP 等，如图 2-16 至图 2-19 所示。

图 2-16　配置 CEIP

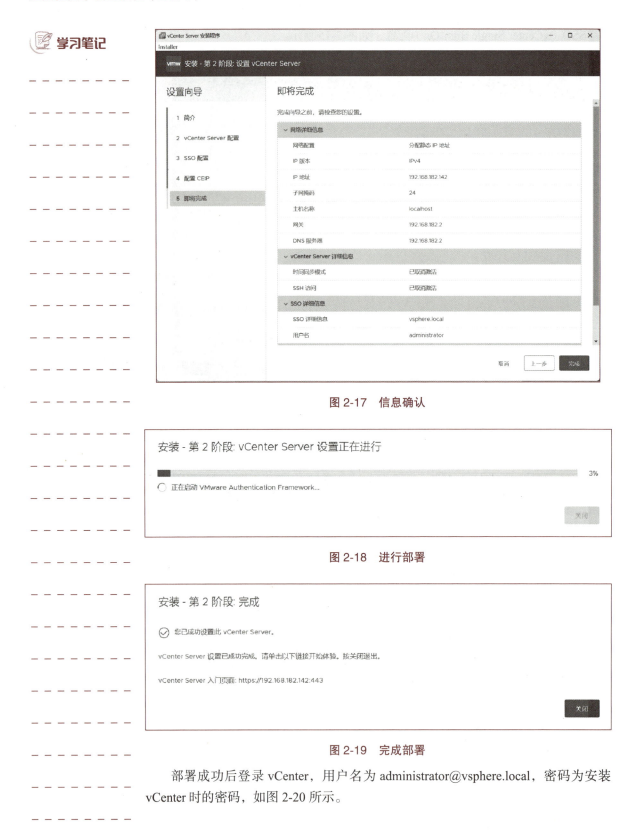

图 2-17 信息确认

图 2-18 进行部署

图 2-19 完成部署

部署成功后登录 vCenter，用户名为 administrator@vsphere.local，密码为安装 vCenter 时的密码，如图 2-20 所示。

项目 2　安装 vCenter Server Appliance

图 2-20　登录 vCenter Server

任务 2-2　使用 vCenter Server 管理 ESXi 主机

1. 任务描述

运行 vSphere Client，登录 vCenter Server，创建数据中心管理多台 EXSi 主机，生产环境中可以使用多个数据中心来表示企业内的组织单位。

2. 任务实施

（1）右击新建一个 Datacenter（可以根据实际情况命名），如图 2-21 所示。

图 2-21　新建数据中心

使用vCenter
Server管理
ESXi主机

(2)设置名称和位置,如图 2-22 所示。

图 2-22　设置名称和位置

(3)添加主机,如图 2-23 和图 2-24 所示。

图 2-23　添加主机

图 2-24　设置主机名称和位置

(4)连接设置,如图 2-25 和图 2-26 所示。

项目 2 安装 vCenter Server Appliance

图 2-25 连接设置

图 2-26 安全警示

（5）主机摘要，如图 2-27 所示。

图 2-27 主机摘要

（6）Host lifecycle 配置，如图 2-28 所示。

图 2-28　Host lifecycle 配置

（7）构建新映像，如图 2-29 所示。

图 2-29　构建新映像

（8）分配许可证，如图 2-30 所示。

图 2-30　分配许可证

(9)设置锁定模式,如图 2-31 所示。

图 2-31 设置锁定模式

(10)选择虚拟机位置,如图 2-32 所示。

图 2-32 选择虚拟机位置

(11)添加完毕,按以上步骤继续添加多台 ESXi 主机,如图 2-33 所示。

图 2-33 添加 ESXi 主机完成

（12）vCenter Server Appliance 本质上是运行在宿主 ESXi 主机的一个虚拟机，若宿主 ESXi 主机重启，而 vCenter Server Appliance 没有随即启动的话，要手动启动 vCenter Server Appliance，为了解决这个问题，可以配置 vCenter Server Appliance 随宿主主机自动启动（登录到 vCenter Server Appliance 所在的 ESXi 宿主主机），如图 2-34 和图 2-35 所示。

图 2-34　启用自动启动

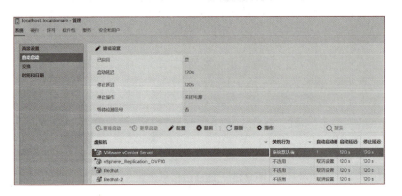

图 2-35　编辑自动启动设置

小　结

本项目首先介绍 vCenter Server 组件和服务、vCenter Server Appliance 的概览，接着介绍了安装 vCenter Server 设备的硬件和存储要求，最后介绍了 vCenter Server Appliance 的软件要求。根据实际工作任务场景，在 ESXi 主机上部署 vCenter Server Appliance，强调了在任务实施过程中要注意的问题。

项目 2　安装 vCenter Server Appliance

练　习

一、选择题

1. vCenter Server 是（　　）。
   A. 一个虚拟机　　　　　　　B. 一个虚拟化管理平台
   C. 一个操作系统　　　　　　D. 一个网络协议

2. 安装 vCenter Server 时，可以选择哪种部署模式？（　　）（选择三个）
   A. 单一主机部署　　　　　　B. 高可用性部署
   C. 分布式部署　　　　　　　D. 多租户部署

3. 在 vCenter Server 中，（　　）角色负责管理虚拟机。
   A. vSphere Client　　　　　　B. vCenter Server Appliance
   C. ESXi 主机　　　　　　　　D. 虚拟机管理员

4. 安装 vCenter Server 时，需要指定（　　）。
   A. 主机名、IP 地址、管理员用户名、密码
   B. 安装路径、管理员用户名、密码
   C. 语言、时区、日志级别
   D. DNS 服务器、网关、子网掩码

5. vCenter Server 的安装程序通常以（　　）文件扩展名结尾。
   A. .exe　　　　B. .iso　　　　C. .msi　　　　D. .zip

6. 安装 vCenter Server 时，需要使用（　　）账户登录操作系统。
   A. 本地管理员账户　　　　　B. 域管理员账户
   C. 计算机管理员账户　　　　D. 受限制的用户账户

7. 安装 vCenter Server 时，需要指定（　　）服务。
   A. VMware Update Manager、VMware vSphere Client、VMware vCenter Server
   B. VMware vSphere Client、VMware vCenter Server、VMware ESXi
   C. VMware vCenter Server、VMware Platform Services Controller、VMware Identity Manager
   D. VMware vCenter Server、VMware Horizon View、VMware NSX

8. 下列（　　）配置能够成功安装 vCenter Server Appliance。
   A. 2 个 CPU 核心、14 GB 内存、579 GB 磁盘空间
   B. 4 个 CPU 核心、16 GB 内存、500 GB 磁盘空间
   C. 8 个 CPU 核心、32 GB 内存、500 GB 磁盘空间
   D. 16 个 CPU 核心、64 GB 内存、1 TB 磁盘空间

9. 安装 vCenter Server 后,可以在未开启 SSH 的情况下使用(　　)方式访问它。
   A. Web 浏览器
   B. Telnet、FTP、RDP
   C. 串口
   D. Windows Power Shell、Linux Shell、macOS Terminal
10. 安装 vCenter Server 时,可以使用(　　)方式进行自动化部署。
    A. vSphere Auto Deploy　　　　　　B. VMware PowerCLI
    C. VMware NSX-T Data Center　　　D. VMware Site Recovery Manager
11. 安装 vCenter Server 时,可以选择(　　)身份验证方法。
    A. Windows 身份验证、LDAP 身份验证、单点登录
    B. Kerberos 身份验证、OAuth 身份验证、OpenID Connect 身份验证
    C. RSA SecurID 身份验证、Smart Card 身份验证、Biometric 身份验证
    D. SAML 身份验证、JWT 身份验证、CAS 身份验证

二、简答题

1. 简述 vCenter Server 组件和服务。
2. 如何登录 vCenter Server Appliance 修改密码?
3. 简述 vCenter Server 设备的硬件和存储要求。

拓展阅读

华为 FusionCube

FusionCube 1000(虚拟化)聚焦于虚拟化场景和桌面云场景,虚拟化场景支持华为 FusionCompute 和 VMware 平台,融合计算和存储资源,提供具有极简、高效、可靠的虚拟化环境。提供预安装集成或统一安装工具,支持业务快速上线、灵活扩展。对各类资源统一管理、一键式系统扩容、健康检查、日志收集等运维操作,降低维护管理的难度。提供北向接口,支持被集成,支持对接第三方 Fit2Cloud 等虚拟化管理平台,支持 Rancher 容器编排。同时支持多副本和 EC 技术,EC 相比传统的多副本技术,在性能和可靠性相当的情况下,用户的可得容量有大幅提升。支持智能重删除压缩技术,能智能依据系统负载,将用户数据重删除压缩,进一步提高用户的可得容量。

桌面云场景支持华为 FusionAccess 桌面云、VMware 和 Citrix 桌面方案。华为 FusionAccess 桌面云,支持云办公场景、云工作站,提供流畅的用户体验。具有全自研自主创新、安全可靠(数据不落地,各种资源和外设可管控,多种接入策略,端到端安全设计)、敏捷高效(方便运维,用户自助运维,一键式工具)、卓越体验(桌面高清传输协议,针对不同内容和网络情况,使用不同算法,网络带宽占用低)等特点。

项目 3 创建虚拟机

3.1 项目导入

学校信息中心为了充分利用现有的硬件资源,将实施一个虚拟化项目,将原有的 4 台服务器进行虚拟化。在物理服务器上安装 ESXi 8.0,工程师小李在安装好的 ESXi 主机中安装虚拟机,用来提供 Web 和 FTP 服务。

虚拟机介绍

3.2 职业能力目标和要求

- 掌握虚拟机的定义;
- 了解虚拟机的生命周期;
- 熟悉虚拟磁盘的置备策略;
- 能熟练安装和配置虚拟机。

3.3 相关知识

3.3.1 虚拟机的定义

与物理机一样,虚拟机是运行操作系统和应用程序的软件计算机。虚拟机包含一组规范和配置文件,并由主机的物理资源提供支持。每个虚拟机都具有一些虚拟设备,这些设备可提供与物理硬件相同的功能,并且可移植性更强、更安全且更易于管理。虚拟机的示意图如图 3-1 所示。

虚拟机包含若干个文件,这些文件存储在存储设备上。关键文件包括配置文件、虚拟磁盘文件、NVRAM 设置文件和日志文件。可以通过 vSphere Web Client、任何一种 vSphere 命令行界面(PowerCLI、vCLI)或 vSphere Web Services SDK 配置虚拟机设置。虚拟机文件组成见表 3-1。

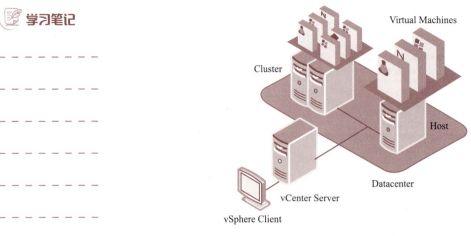

图 3-1　虚拟机的示意图

表 3-1　虚拟机文件组成及描述

文　件	使用情况	描　　述
.vmx	vmname.vmx	虚拟机配置文件
.vmxf	vmname.vmxf	其他虚拟机配置文件
.vmdk	vmname.vmdk	虚拟磁盘特性
-flat.vmdk	vmname-flat.vmdk	虚拟机数据磁盘
.nvram	vmname.nvram 或 nvram	虚拟机 BIOS 或 EFI 配置
.vmsd	vmname.vmsd	虚拟机快照
.vmsn	vmname.vmsn	虚拟机快照数据文件
.vswp	vmname.vswp	虚拟机交换文件
.vmss	vmname.vmss	虚拟机挂起文件
.log	vmware.log	当前虚拟机日志文件
-#.log	vmware-#.log（其中 # 表示从 1 开始的编号）	旧的虚拟机日志文件

3.3.2　虚拟机和虚拟基础架构

支持虚拟机的基础架构至少包含两个软件层：虚拟化层和管理层。在 vSphere 中，ESXi 提供虚拟化功能，用于将主机硬件作为一组标准化资源进行聚合并将其提供给虚拟机。虚拟机可以在 ESXi 管理的 vCenter Server 主机上运行。

vCenter Server 可用于将多个主机的资源加入池中并管理这些资源，而且可以有效监控和管理物理及虚拟基础架构。用户可以管理虚拟机的资源、置备虚拟机、调度任务、收集统计信息日志、创建模板等。vCenter Server 还提供了 vSphere vMotion、vSphere Storage vMotion、vSphere Distributed Resource Scheduler（DRS）、vSphere High Availability（HA）和 vSphere Fault Tolerance。这些服务可实现虚拟机的高效自动化资源管理及高可用性。

VMware vSphere Web Client 是 vCenter Server、ESXi 主机和虚拟机的界面。通过 vSphere Web Client，可以远程连接到 vCenter Server。vSphere Web Client 是用于管理 vSphere 环境各个方面的主要界面。另外，它还提供对虚拟机的控制台访问。

3.3.3 虚拟机生命周期

可以使用多种方法创建虚拟机并将其部署到自己的数据中心。可以创建单个虚拟机，然后在其中安装客户机操作系统和 VMware Tools。可以在现有的虚拟机中克隆或创建模板，或部署 OVF 模板。

使用 vSphere Web Client 新建虚拟机向导以及"虚拟机属性"编辑器，可以添加、配置或移除大多数虚拟机的硬件、选项和资源。可在 vSphere Web Client 中使用性能图表监控 CPU、内存、磁盘、网络和存储衡量指标。使用快照可以捕获虚拟机的状况，包括虚拟机内存、设置和虚拟磁盘。如果需要，可以回滚至上一个虚拟机状态。

通过 vSphere vApp，可以管理多层应用程序。使用 vSphere Update Manager 可以执行协调升级，以同时升级清单中虚拟机的虚拟硬件和 VMware Tools。

不再需要虚拟机时，可以将其从清单中移除但不会从数据存储中删除，或者可以删除该虚拟机及其所有文件。

3.3.4 虚拟磁盘的置备策略

1. 厚置备延迟置零

默认的创建格式，创建磁盘时，直接从磁盘分配空间，但对磁盘保留数据不置零。所以当有 I/O 操作时，只需要做置零操作。磁盘性能较好，时间短，适合于做池模式的虚拟桌面。

2. 厚置备置零（thick）

创建群集功能的磁盘。创建磁盘时，直接从磁盘分配空间，并对磁盘保留数据置零。所以当有 I/O 操作时，不需要等待直接执行。磁盘性能最好，时间长，适合于做运行繁重应用业务的虚拟机。

3. 精简置备（thin）

创建磁盘时，占用磁盘的空间大小根据实际使用量计算，即用多少分多少，提前不分配空间，对磁盘保留数据不置零，且最大不超过划分磁盘的大小。精简置备实例如图 3-2 所示。

所以当有 I/O 操作时，需要先分配空间，再将空间置零，才能执行 I/O 操作。当有频繁 I/O 操作时，磁盘性能会有所下降。

I/O 不频繁时，磁盘性能较好；I/O 频繁时，磁盘性能较差。时间短，适合于对磁盘 I/O 不频繁的业务应用虚拟机。

学习笔记

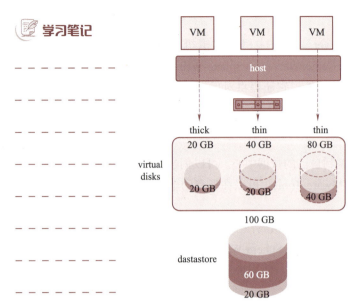

图 3-2 精简置备实例

3.4 项目实施

任务 3-1 创建虚拟机（单主机）

1. 任务描述

运行 vSphere host Client 登录 ESXi 主机（192.168.182.141），创建一台 RedHat 虚拟机用来提供 Web 服务。

2. 任务实施

（1）准备 RedHat 的安装镜像 ISO 文件，如图 3-3 所示。

创建虚拟机
（单主机）

创建虚拟机
（vCenter Server）

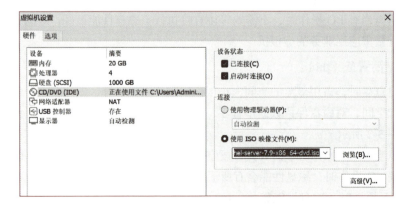

图 3-3 准备 RedHat 的安装镜像

（2）使用浏览器访问 https://192.168.182.141，用户名为 ESXi 主机的用户名（默认为 root），密码为 ESXi 主机的用户名对应的密码。登录 ESXi 主机后选择"虚拟机"，选择"创建/注册虚拟机"命令创建虚拟机，如图 3-4 所示。

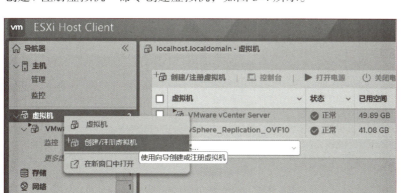

图 3-4　创建/注册虚拟机

（3）选择创建类型，如图 3-5 所示。

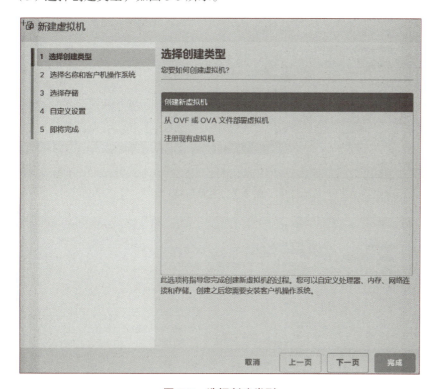

图 3-5　选择创建类型

（4）选择名称和客户机操作系统，如图 3-6 所示。
（5）选择存储，如图 3-7 所示。
（6）根据 ESXi 主机的硬件条件，选择合适的硬件配置，如图 3-8 所示。

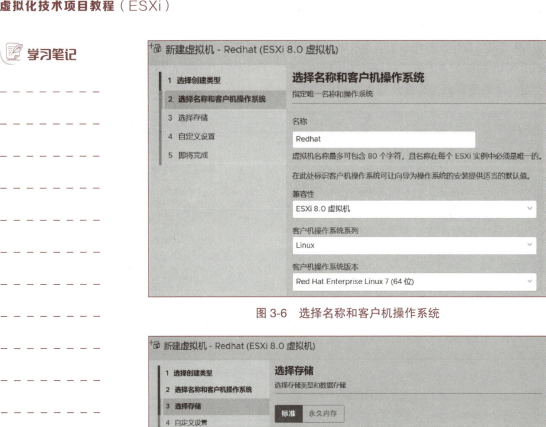

图 3-6　选择名称和客户机操作系统

图 3-7　选择存储

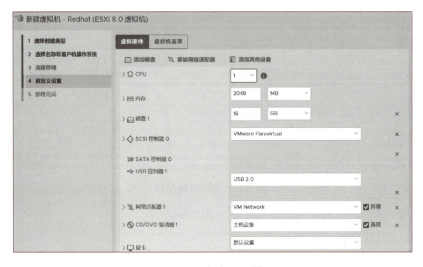

图 3-8　自定义设置

学习笔记

（7）创建完毕视图，如图 3-9 所示。

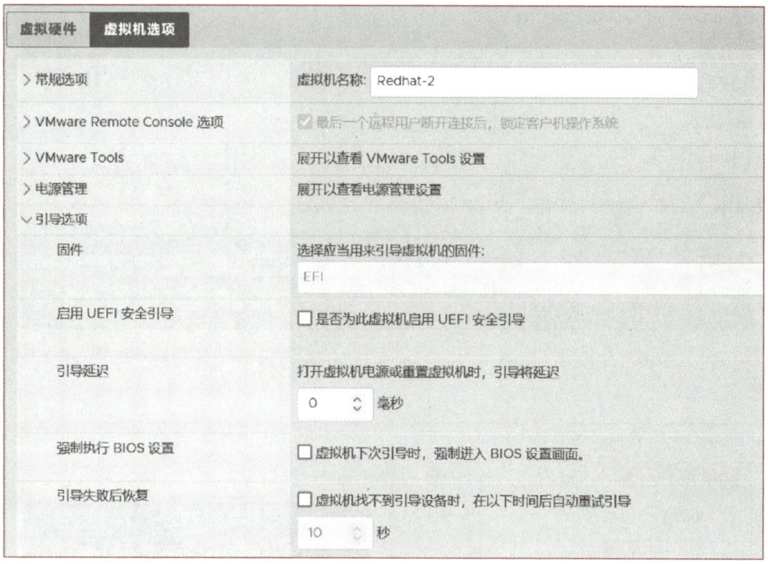

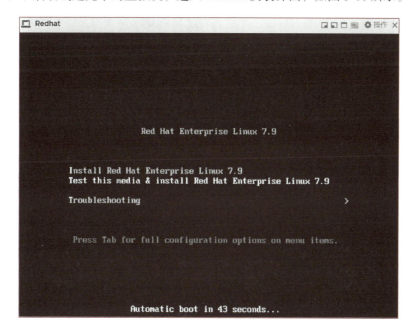

图 3-9　创建完毕视图

（8）启动创建完毕的虚拟机，进入 RedHat 安装界面，如图 3-10 所示。

图 3-10　RedHat 安装界面

（9）在新建好 RedHat 虚拟机后，启动该虚拟机。亦可以使用 VMware Remote Console（需在本地先安装好 VMware Remote Console）来安装 RedHat，如图 3-11 和图 3-12 所示。

学习笔记

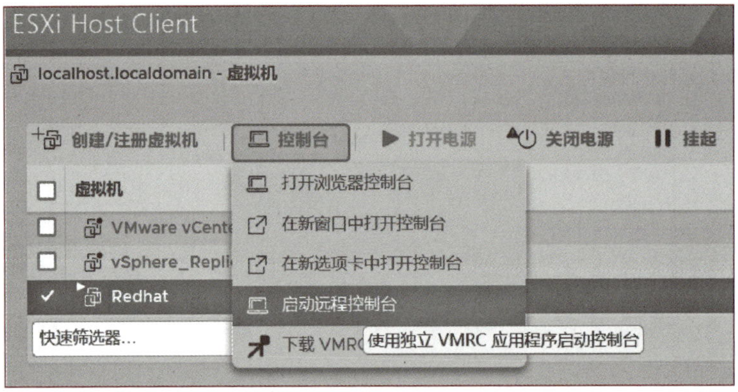

图 3-11　启动远程控制台

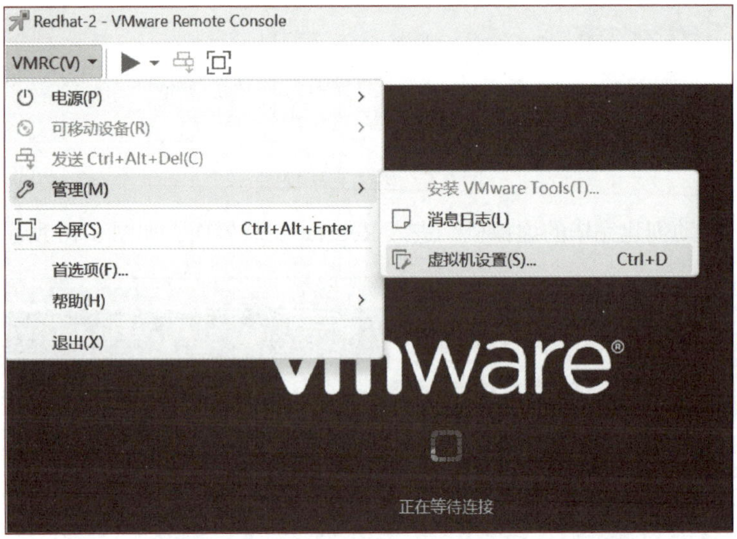

图 3-12　虚拟机设置（VMware Remote Console）

（10）使用本地的 RedHat 系统镜像进行安装，如图 3-13 所示。

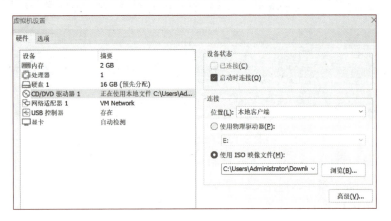

图 3-13　选择本地 RedHat 系统安装镜像

任务 3-2　使用 PowerCli 批量克隆虚拟机

1. 任务描述

使用 PowerCli 脚本批量克隆 ubuntu 虚拟机。

2. 任务实施

（1）使用浏览器登录 vCenter Server 管理界面（http://192.168.182.142，用户名为 administrator@vspherelocal，密码为 Abc@123!@#），选择 ubuntu 虚拟机克隆为模板，如图 3-14 所示。

图 3-14　将虚拟机克隆为模板

（2）定义虚拟机模板名称（这里的模板名称需与克隆脚本一致），如图 3-15 所示。

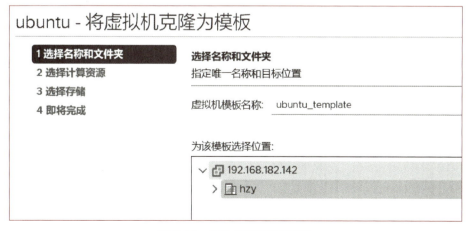

图 3-15　定义虚拟机模板名称

学习笔记

（3）为模板选择目标计算资源，如图 3-16 所示。

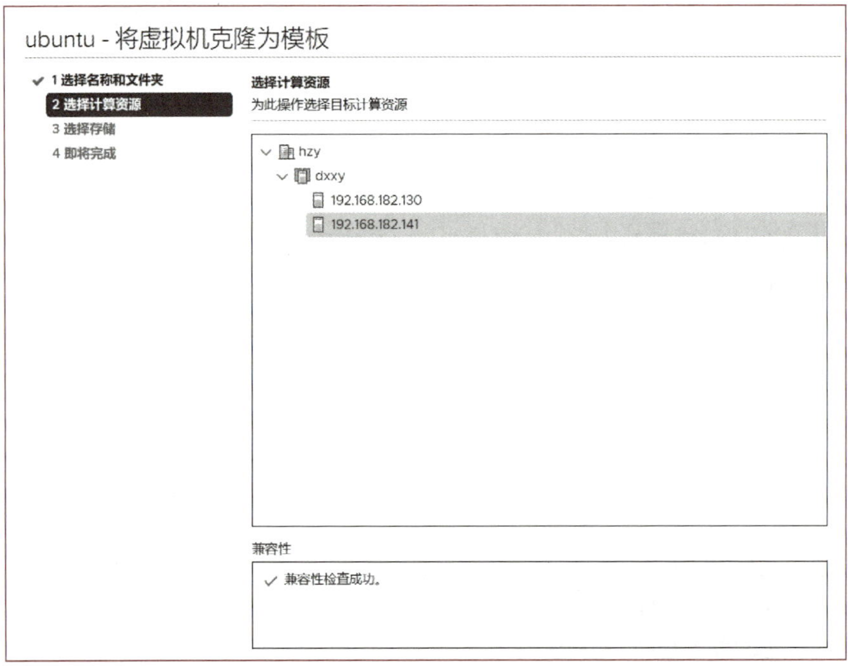

图 3-16　选择计算资源

（4）选择要存储配置和磁盘文件的数据存储，如图 3-17 所示。

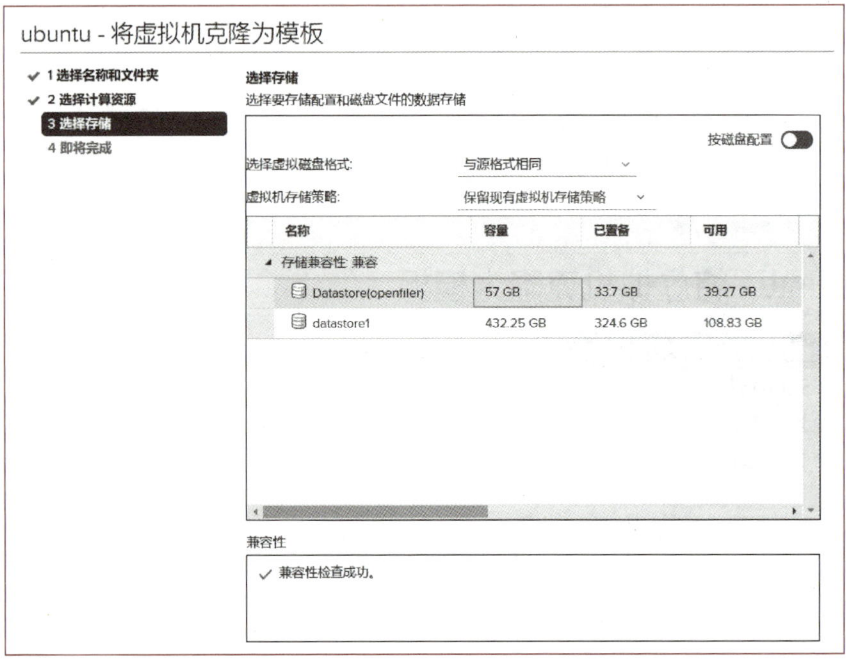

图 3-17　配置模板数据存储

（5）完成兼容性检查并执行克隆操作，如图3-18所示。克隆好的模板如图3-19所示。

图3-18 完成兼容性检查并执行克隆操作

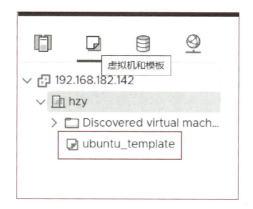

图3-19 克隆的模板虚拟机

（6）编写批量克隆的脚本文件，批量克隆虚拟机执行效果如图3-20所示。脚本内容如下：

```
#Vcenter 的 IP
$vcenterIP ="192.168.182.142"
#ESXi 的 IP
$vmhost="192.168.182.141"
# 该 ESXi 对应的存储名称
```

```
$dataStore="datastore1"
# 使用的克隆模板名字
$vmTemplate="ubuntu_template"
# 计算机名的前缀，不要再加一个 -
$vmName_prefix="ubuntu_"
# 计算机 IP 的前缀，不要再加一个 .
$vmIP_prefix ="192.168.182"
# 虚拟机创建循环的步长
$vmIPstep =1
# 虚拟机创建循环的起始 IP 地址
$IPstart=84
# 虚拟机创建循环的结束 IP 地址
$IPEnd=94
# 连接 Vcenter 的 IP，账号密码
Connect-VIServer -Server $vcenterIP -Protocol https -Username 'administrator@vsphere.local' -Password 'vCpassword'
# Connect-VIServer -Server $vcenterIP -Protocol https -Credential $cred
########## 通过模板批量部署虚拟机以上内容需要人工定义变量 ##########
#IP 从哪个开始
$i=$IPstart
# 当 IP> 当前循环 IP，< 循环 IP，才继续执行
while (($i -ge $IPstart)-and ($i -le $IPEnd))
{
    # 拼接计算机 IP
    $vmIP="$vmIP_prefix.$i"
    echo $vmIP
    # 拼接计算机名称 ubuntu 80（192.168.182.80）
    $vmName="$vmName_prefix"+"$i"+"（$vmIP）"
    echo $vmName
    # 创建虚拟机，哪台 ESXi、计算机名、模板、数据存储

    New-VM -vmhost $vmhost -Name $vmName -Template $vmTemplate -Datastore$dataStore  -RunAsync

    # 启动当前虚拟机
    Get-VM -Name $vmName | Start-VM

    echo 'sleep 60'
    Start-Sleep -s 60

    # 循环增加一次
```

```
    $i=$i+$vmIPstep
}
```

```
(base) PS D:\> D:\批量克隆虚拟机.ps1

Name                              Port   User
----                              ----   ----
192.168.182.142                   443    VSPHERE.LOCAL\Administrator
192.168.182.80
ubuntu_80(192.168.182.80)

ServerId          : /VIServer=vsphere.local\administrator@192.168.182.142:443/
State             : Running
IsCancelable      : True
PercentComplete   : 0
StartTime         : 2022/6/6 17:03:53
FinishTime        :
ObjectId          : VirtualMachine-vm-279
Result            :
Description       : Clone virtual machine
ExtensionData     : VMware.Vim.Task
Id                : Task-task-2541
Name              : CloneVM_Task
Uid               : /VIServer=vsphere.local\administrator@192.168.182.142:443/Task
CmdletTaskInfo    : VMware.VimAutomation.Sdk.Util10.Task.ResultConvertingCmdletTas

sleep 60
警告: The 'Version' property of VirtualMachine type is deprecated. Use the 'Hard

PowerState        : PoweredOn
Version           : v13
HardwareVersion   : vmx-13
Notes             :
Guest             : ubuntu_80(192.168.182.80):
```

图 3-20 批量克隆执行效果

小 结

本项目首先介绍虚拟机的定义、虚拟机和虚拟基础架构,接着介绍了虚拟机生命周期,最后介绍了虚拟磁盘的置备策略。根据实际工作任务场景,实施完成了创建虚拟机和使用 PowerCli 批量克隆虚拟机两个典型的工作任务,并强调了在任务实施过程中要注意的问题。

练习

一、选择题

1. 在 VMware ESXi 中，可以使用哪种方式创建虚拟机？（　　）（选择三个）
   A. vSphere Client   B. PowerCli
   C. vSphere Web Client   D. 串口

2. 在 VMware ESXi 中，创建虚拟机需要配置哪些选项？（　　）（选择三个）
   A. CPU 和内存   B. 存储和网络
   C. 操作系统类型和版本   D. 自行创建虚拟机配置文件

3. 在 VMware ESXi 中，可以为虚拟机配置哪些硬件设备？（　　）（选择三个）
   A. 虚拟 CPU   B. 虚拟网卡
   C. 虚拟磁盘   D. 虚拟摄像头

4. 在 VMware ESXi 中，可以使用哪种方式将操作系统安装到虚拟机上？（　　）（选择三个）
   A. 从 ISO 文件启动   B. 从 PXE 启动
   C. 从 USB 设备启动   D. 从本地启动

5. 在 VMware ESXi 中，可以为虚拟机添加哪些设备？（　　）（选择三个）
   A. 虚拟摄像头   B. 虚拟 CD/DVD-ROM
   C. 虚拟网卡   D. USB 控制器

6. 在 VMware ESXi 中，可以通过哪种方式将虚拟机克隆到其他主机上？（　　）（选择两个）
   A. 导出虚拟机文件   B. PowerCli
   C. 硬盘迁移   D. 串口

7. 在 VMware ESXi 中，可以通过（　　）方式将虚拟机转移到其他存储上。
   A. vSphere Client   B. 复制粘贴
   C. 硬盘迁移   D. 串口

8. 在 VMware ESXi 中，可以通过哪种方式对虚拟机进行快照管理？（　　）（选择两个）
   A. vSphere Client   B. PowerCli
   C. 查看硬盘   D. 查看相册

9. 下列关于新的虚拟硬盘格式 VHDX 的描述正确的是（　　）。
   A. 不支持 Native 4K 扇区
   B. 不兼容旧版本的 512 B 传统分区
   C. 最大支持 64 TB 虚拟硬盘空间
   D. 在 Windows 7 操作系统中可被识别

10. ESXi 有哪些磁盘置备选项？（　　）（选择三个）

   A. 厚置备，延迟置零　　　　　　B. 厚置备，置零

   C. 精简置备　　　　　　　　　　D. 精简制备，置零

11. 下列操作系统是 ESXi 所不能安装的？（　　）（选择两个）

   A. Windows　　　　　　　　　　B. Linux

   C. mac OS　　　　　　　　　　 D. OpenHarmony

二、简答题

1. 简述虚拟机的生命周期。
2. 简述厚置备和精简置备的区别。
3. 简述虚拟机模板的作用。
4. 简述 PowerCli 的作用。

拓展阅读

代码指挥员——张辉明

张辉明 16 岁考上高职，超强的逻辑能力与编程"一拍即合"，他的大脑如同一个多核驱动的 CPU，同步处理多个技术问题是他的拿手好戏。"代码指挥员"是熟悉张辉明的人对他的昵称。运用编程，他化形为一双无影手，指挥机器随心而动。张辉明毕业于浙江省金华职业技术学院电气自动化专业，2018 年获得全国职业院校技能大赛"机电一体化"赛项全国一等奖，目前是苏州一家公司的一名工程师。强烈的个人兴趣，是张辉明迈入编程领域的推手；超强的逻辑能力，是他在该领域中成为翘楚的支撑。从开始的一窍不通，到迫不及待地自学；从艰难地不断试错，到取得第一次成功……张辉明用自己的实践证明，过人的能力同样需要后天努力的加持，方能赓续持久、生生不息。在参加工作的这段时间里，他始终不忘初心，坚持在专业领域深耕，紧跟技术迭代。在张辉明看来，专注于专业，要热血、要爱好、要钻研，不断投入自己全部的精力，是成为一名工匠的必由之路。

项目 4 创建和配置虚拟交换机

4.1 项目导入

标准交换机

学校信息中心为了充分利用现有的硬件资源,将实施一个虚拟化项目,将原有的两台服务器进行虚拟化。在物理服务器上安装 ESXi 8.0,对服务器进行虚拟化。工程师小李在安装好的 ESXi 主机中创建和配置虚拟交换机,为管理网络和虚拟机网络提供更好的网络性能。

4.2 职业能力目标和要求

分布式交换机

- 掌握 vSphere 标准交换机架构;
- 掌握 vSphere Distributed Switch 架构;
- 熟悉 vSphere Distributed Switch 数据流;
- 能熟练配置标准交换机和分布式交换机。

4.3 相关知识

4.3.1 网络术语的定义

掌握表 4-1 所列的网络术语的定义对透彻了解虚拟网络至关重要。

表 4-1 网络术语的定义

术 语	定 义
物理网络	为了使物理机之间能够收发数据,在物理机间建立的网络。VMware ESXi 运行于物理机之上
虚拟网络	在单台物理机上运行的虚拟机之间为了互相发送和接收数据而相互逻辑连接所形成的网络。虚拟机可连接到在添加网络时创建的虚拟网络

项目 4　创建和配置虚拟交换机

续表

术　语	定　义
物理以太网交换机	管理物理网络上计算机之间的网络流量。一台交换机可具有多个端口，每个端口都可与网络上的一台计算机或其他交换机连接。可按某种方式对每个端口的行为进行配置，具体取决于其所连接的计算机的需求。交换机将会了解到连接其端口的主机，并使用该信息向正确的物理机转发流量。交换机是物理网络的核心。可将多个交换机连接在一起，以形成较大的网络
vSphere 标准交换机	其运行方式与物理以太网交换机十分相似。它检测与其虚拟端口进行逻辑连接的虚拟机，并使用该信息向正确的虚拟机转发流量。可使用物理以太网适配器（又称上行链路适配器）将虚拟网络连接至物理网络，以将 vSphere 标准交换机连接到物理交换机。此类型的连接类似于将物理交换机连接在一起以创建较大型的网络。即使 vSphere 标准交换机的运行方式与物理交换机十分相似，但它不具备物理交换机所拥有的一些高级功能
标准端口组	标准端口组为每个成员端口指定了诸如带宽限制和 VLAN 标记策略之类的端口配置选项。网络服务通过端口组连接到标准交换机。端口组定义通过交换机连接网络的方式。通常，单个标准交换机与一个或多个端口组关联
vSphere Distributed Switch	它可充当数据中心中所有关联主机的单一交换机，以提供虚拟网络的集中式置备、管理以及监控。在 vCenter Server 系统上配置 vSphere Distributed Switch，该配置将传播至与该交换机关联的所有主机。这使得虚拟机可在跨多个主机进行迁移时确保其网络配置保持一致
主机代理交换机	驻留在与 vSphere Distributed Switch 关联的每个主机上的隐藏标准交换机。主机代理交换机会将 vSphere Distributed Switch 上设置的网络配置复制到特定主机
分布式端口	连接到主机的 VMkernel 或虚拟机的网络适配器的 vSphere Distributed Switch 上的一个端口
分布式端口组	与 vSphere Distributed Switch 关联的一个端口组，并为每个成员端口指定端口配置选项。分布式端口组可定义通过 vSphere Distributed Switch 连接到网络的方式
网卡成组	当多个上行链路适配器与单个交换机相关联以形成小组时，就会发生网卡成组。小组将物理网络和虚拟网络之间的流量负载分摊给其所有或部分成员，或在出现硬件故障或网络中断时提供被动故障切换
VLAN	VLAN 可用于将单个物理 LAN 分段进一步分段，以便使端口组中的端口互相隔离，如同位于不同物理分段上一样。标准是 802.1Q
VMkernel TCP/IP 网络层	VMkernel 网络层提供与主机的连接，并处理 vSpherevMotion、IP 存储器、Fault Tolerance 和 Virtual SAN 的标准基础架构流量
IP 存储器	将 TCP/IP 网络通信用作其基础的任何形式的存储器。iSCSI 可用作虚拟机数据存储，NFS 可用作虚拟机数据存储并用于直接挂载 ISO 文件，这些文件对于虚拟机显示为 CD-ROM
TCP 分段清除	TCP 分段清除（TSO）可使 TCP/IP 堆栈发出非常大的帧（达到 64KB），即使接口的最大传输单元（MTU）较小也是如此。然后网络适配器将较大的帧分成 MTU 大小的帧，并预置一份初始 TCP/IP 标头的调整后副本

可以在 ESXi 中启用两种类型的网络服务：将虚拟机连接到物理网络以及相互连接虚拟机。

将 VMkernel 服务（如 NFS、iSCSI 或 vMotion）连接至物理网络。

可以创建名为 vSphere 标准交换机的抽象网络设备。使用标准交换机提供主机和虚拟机的网络连接。标准交换机可在同一 VLAN 中的虚拟机之间进行内部流量桥接，并链接至外部网络。

4.3.2 标准交换机概览

要提供主机和虚拟机的网络连接，可在标准交换机上将主机的物理网卡连接到上行链路端口。虚拟机具有在标准交换机上连接到端口组的网络适配器（vNIC）。每个端口组可使用一个或多个物理网卡来处理其网络流量。如果某个端口组没有与其连接的物理网卡，则相同端口组上的虚拟机只能彼此进行通信，而无法与外部网络进行通信。

vSphere 标准交换机及其架构如图 4-1 和图 4-2 所示。

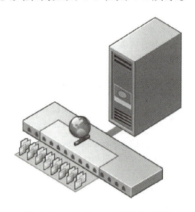

图 4-1　vSphere 标准交换机

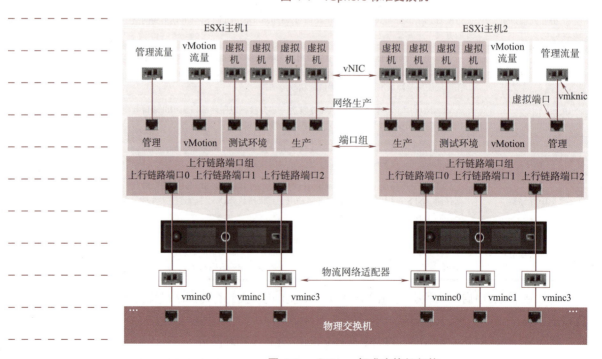

图 4-2　vSphere 标准交换机架构

标准交换机网络是指运行在单个物理机上的虚拟机的网络，这些虚拟机相互之间存在逻辑相连的关系，因此它们可以相互发送和接收数据。网络及其相关联的标准交换机可提供虚拟机网卡与物理网络适配器之间的接口。

4.3.3 vSphere Distributed Switch

vSphere Distributed Switch 为与交换机关联的所有主机的网络连接配置提供集中化管理和监控。可以在 vCenter Server 系统上设置 Distributed Switch，其设置将传播至与该交换机关联的所有主机，如图 4-3 所示。

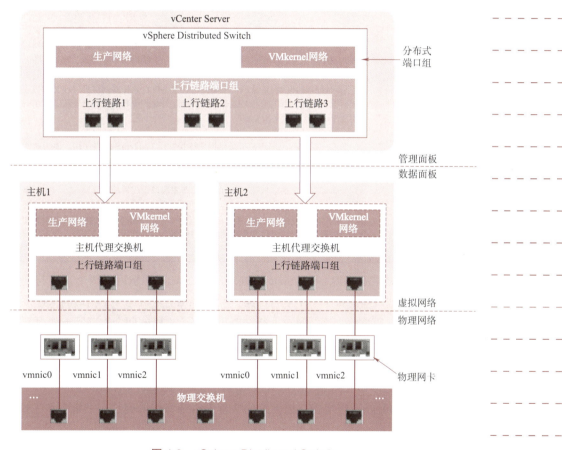

图 4-3　vSphere Distributed Switch

1.vSphere Distributed Switch 架构

vSphere 中的网络交换机由两个逻辑部分组成：数据面板和管理面板。数据面板可实现软件包交换、筛选和标记等。管理面板是用于配置数据面板功能的控制结构。vSphere 标准交换机同时包含数据面板和管理面板，可以单独配置和维护每个标准交换机。

vSphere Distributed Switch 的数据面板和管理面板相互分离。Distributed Switch

的管理功能驻留在 vCenter Server 系统上，可以在数据中心级别管理环境的网络配置。数据面板则保留在与 Distributed Switch 关联的每台主机本地。Distributed Switch 的数据面板部分称为主机代理交换机。在 vCenter Server（管理面板）上创建的网络配置将被自动向下推送至所有主机代理交换机（数据面板）。

vSphere Distributed Switch 引入的两个抽象概念可用于为物理网卡、虚拟机和 VMkernel 服务创建一致的网络配置。端口组类型见表 4-2。

表 4-2　vSphere Distributed Switch 端口组类型

端口组类型	功能描述
上行链路端口组	上行链路端口组或 dvuplink 端口组在创建 Distributed Switch 期间进行定义，可以具有一个或多个上行链路。上行链路是可用于配置主机物理连接以及故障切换和负载平衡策略的模板。可以将主机的物理网卡映射到 Distributed Switch 的上行链路。在主机级别，每个物理网卡将连接到特定 ID 的上行链路端口。可以对上行链路设置故障切换和负载平衡策略，这些策略将自动传播到主机代理交换机或数据面板。因此，可以为与 Distributed Switch 关联的所有主机的物理网卡应用一致的故障切换和负载平衡配置
分布式端口组	分布式端口组可向虚拟机提供网络连接并供 VMkernel 流量使用。使用对于当前数据中心唯一的网络标签来标识每个分布式端口组。可以在分布式端口组上配置网卡成组、故障切换、负载平衡、VLAN、安全、流量调整和其他策略。连接到分布式端口组的虚拟端口具有为该分布式端口组配置的相同属性。与上行链路端口组一样，在 vCenter Server（管理面板）上为分布式端口组设置的配置将通过其主机代理交换机（数据面板）自动传播到 Distributed Switch 的所有主机。因此，可以配置一组虚拟机以共享相同的网络配置，方法是将虚拟机与同一分布式端口组关联

假设在数据中心创建一个 vSphere Distributed Switch，然后将两个主机与其关联。上行链路端口组配置了三个上行链路，然后将每个主机的一个物理网卡连接到一个上行链路。通过此方法，每个上行链路可将每个主机的两个物理网卡映射到其中，例如上行链路 1 使用主机 1 和主机 2 的 vmnic0 进行配置。接下来，可以为虚拟机网络和 VMkernel 服务创建虚拟机网络和 VMkernel 网络分布式端口组。此外，还会分别在主机 1 和主机 2 上创建虚拟机网络和 VMkernel 网络端口组的表示。虚拟机网络和 VMkernel 网络端口组设置的所有策略都将传播到其在主机 1 和主机 2 上的表示。

为了确保有效地利用主机资源，将在运行 ESXi 5.5 及更高版本的主机上动态地按比例增加和减少代理交换机的分布式端口数。此主机上的代理交换机可扩展至主机上支持的最大端口数。端口限制基于主机可处理的最大虚拟机数来确定。

2.vSphere Distributed Switch 数据流

从虚拟机和 VMkernel 适配器向下传递到物理网络的数据流取决于为分布式端口组设置的网卡成组和负载平衡策略。数据流还取决于 Distributed Switch 上的端口分配，如图 4-4 所示。

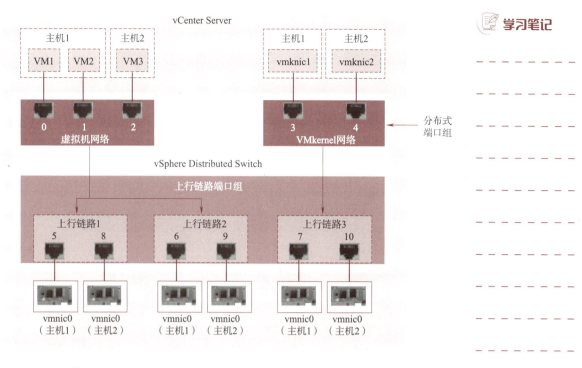

图 4-4 vSphere Distributed Switch 上的网卡成组和端口分配

假设创建分别包含 3 个和 2 个分布式端口的虚拟机网络和 VMkernel 网络分布式端口组。Distributed Switch 会按 ID 从 0 到 4 的顺序分配端口，该顺序与创建分布式端口组的顺序相同。然后，将主机 1 和主机 2 与 Distributed Switch 关联。Distributed Switch 会为主机上的每个物理网卡分配端口，端口将按添加主机的顺序从 5 继续编号。要在每个主机上提供网络连接，请将 vmnic0 映射到上行链路 1、将 vmnic1 映射到上行链路 2、将 vmnic2 映射到上行链路 3。

要向虚拟机提供连接并供 VMkernel 流量使用，可以为虚拟机网络端口组和 VMkernel 网络端口组配置成组和故障切换。上行链路 1 和上行链路 2 处理虚拟机网络端口组的流量，而上行链路 3 处理 VMkernel 网络端口组的流量。

3. 主机代理交换机上的数据包流量

在主机端，虚拟机和 VMkernel 服务的数据包流量将通过特定端口传递到物理网络。例如，从主机 1 上的 VM1 发送的数据包将先到达虚拟机网络分布式端口组上的端口 0。由于上行链路 1 和上行链路 2 处理虚拟机网络端口组的流量，数据包可以通过上行链路端口 5 或上行链路端口 6 继续传递。如果数据包通过上行链路端口 5，则将继续传递 vmnic0；如果数据包通过上行链路端口 6，则将继续传递到 vmnic1，如图 4-5 所示。

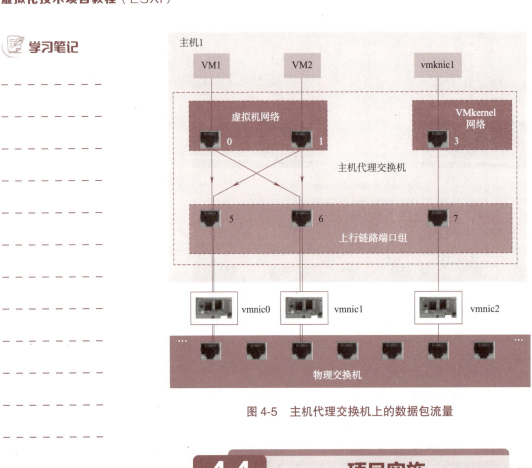

图 4-5　主机代理交换机上的数据包流量

4.4　项目实施

任务 4-1　配置虚拟标准交换机

1. 任务描述

在 ESXi 主机（192.168.182.141）配置一台虚拟标准交换机（vSwitch），承载访问虚拟机的流量。分隔管理流量和访问虚拟机的流量，提高网络性能和质量。

2. 任务实施

（1）配置标准交换机（vSwitch），通过 ESXi 主机的"配置"→"网络"→"虚拟交换机"选项卡，可以看到 ESXi 主机自动创建了一个 vSphere 标准交换机。单张物理网卡承载了"虚拟机"端口组和"管理网络"端口流量，如图 4-6 所示。

（2）在生产环境中，同一张网卡承载了多种流量，会导致网络堵塞。接下来新建一个标准交换机只承载访问虚拟机的流量。单击"添加标准虚拟交换机"按钮，出现添加向导，相关配置如图 4-7 所示。添加完成如图 4-8 所示。

配置虚拟
交换机

图 4-6 vSphere 标准交换机

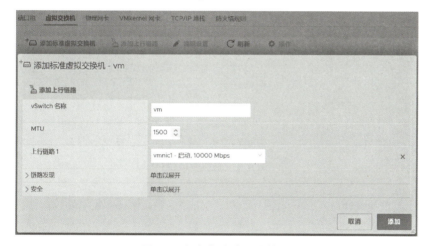

图 4-7 添加标准虚拟交换机

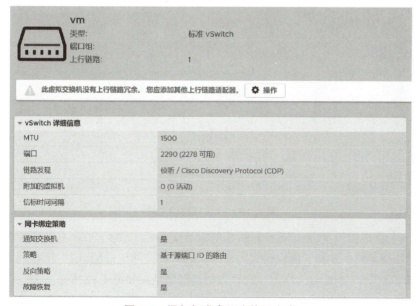

图 4-8 添加标准虚拟交换机完成

(3)单击"添加端口组"按钮,出现添加向导,输入端口组的名称和虚拟交换机,相关配置如图 4-9 所示,配置完成如图 4-10 所示。

图 4-9　添加端口组

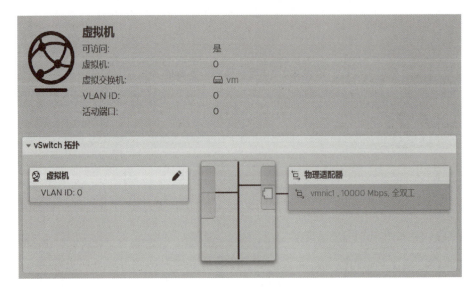

图 4-10　添加端口组完成

(4)将虚拟机 Redhat 迁移到新建的标准交换机(VM)中。右击该主机,在弹出的快捷菜单中选择"编辑设置"命令,然后在"网络适配器 1"下拉列表中选择"虚拟机",如图 4-11 所示。迁移虚拟机网络结果如图 4-12 所示。

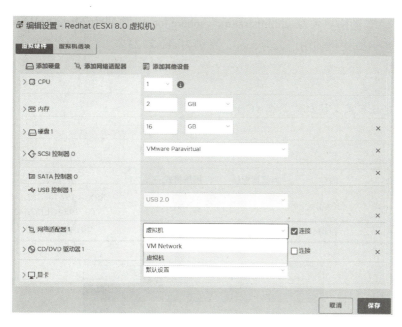

图 4-11 迁移 Redhat 虚拟机网络

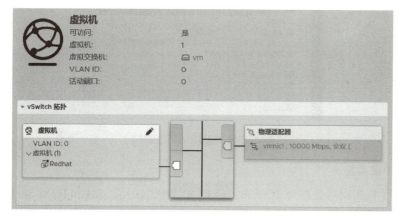

图 4-12 迁移虚拟机网络结果

任务 4-2 配置分布式交换机（VDS）

1. 任务描述

配置分布式交换机（VDS），将分布在多台 ESXi 主机的单一虚拟交换机在逻辑上组成一个"大"交换机，在数据中心级别集中配置、管理。需要 vCenter 服务器一台（已部署好 VMware vCenter Server），ESXi 主机两台。

2. 环境准备

虚拟机硬件和 IP 要求见表 4-3，准备测试镜像 ws-ttylinux-x86_64-12.6.iso。需在两台虚拟机的 CD/DVD 中挂载并连接，如图 4-13 所示。

配置分布式交换机（VDS）

学习笔记

登录 VC 的用户名为 administrator@vsphere.local,密码为 Abc@123!@#。
两台 ESXi 主机的用户名为 root,密码为 abc@123

> **注:**
> 创建分布式交换机需要在 vCenter 中实现。

表 4-3 虚拟机配置一览表

虚拟机	内存	网络适配器	网络模式	IP 地址
vCenter	20 GB	4	NAT	ESXi:192.168.182.141 VC:192.168.182.142
ESXi	4 GB	4	NAT	192.168.182.143

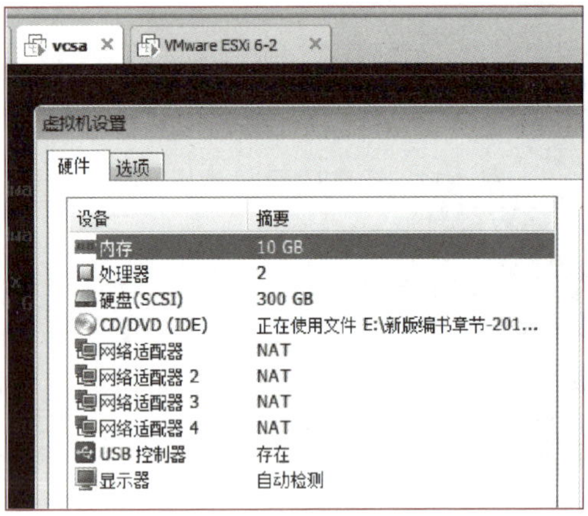

图 4-13 挂载测试系统镜像

3. 任务实施

(1)使用浏览器登录 vCenter,若 ESXi 主机启用了 SSH 和 ESXi Shell,会有警告信息,如图 4-14 所示。

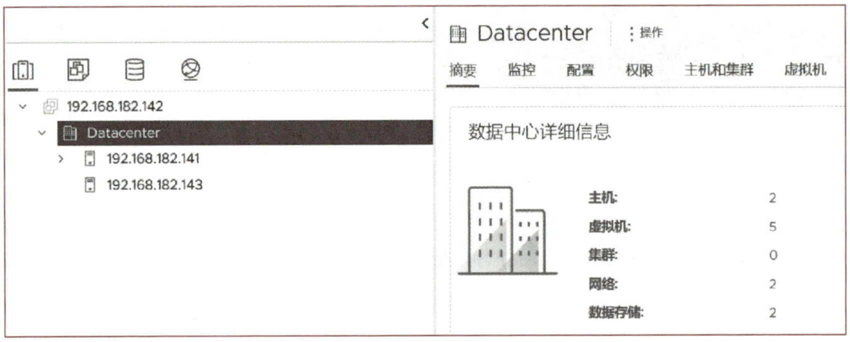

图 4-14 登录 vCenter

(2)新建分布式交换机(VDS),步骤如图 4-15 至图 4-19 所示。

图 4-15　新建 VDS

图 4-16　设置名称和选定位置

图 4-17　选择版本

图 4-18　配置设置

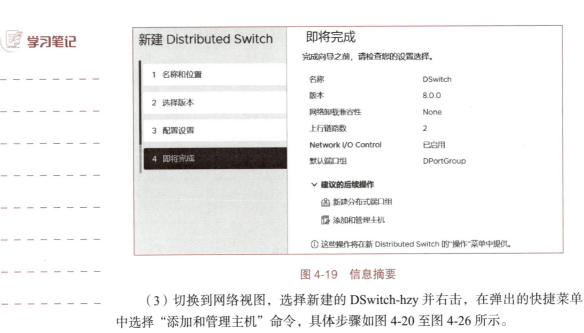

图 4-19 信息摘要

(3) 切换到网络视图,选择新建的 DSwitch-hzy 并右击,在弹出的快捷菜单中选择"添加和管理主机"命令,具体步骤如图 4-20 至图 4-26 所示。

图 4-20 添加和管理主机

图 4-21 选择任务

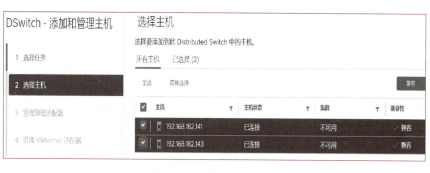

图 4-22　选择两台主机

图 4-23　管理物理适配器

图 4-24　管理 VMkernel 适配器

图 4-25　迁移虚拟机网络

学习笔记

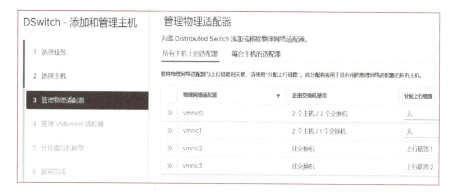

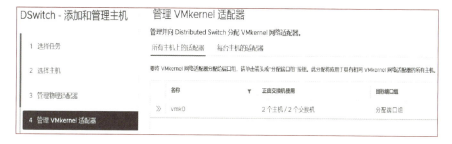

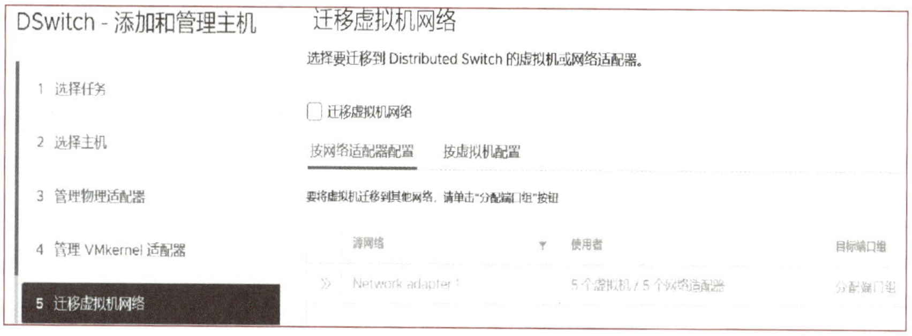

图 4-26　即将完成

（4）测试 VDS，分别在两台主机上创建虚拟机 linux-141 及 linux-143 用于测试 VDS，网络适配器均设置为上述步骤配置的 DportGroup，配置信息如图 4-27 至图 4-29 所示。

图 4-27　挂载测试镜像 ws-ttylinux-x86_64-12.6.iso

图 4-28　虚拟机 linux-141

项目 4 创建和配置虚拟交换机

图 4-29 虚拟机 linux-143

（5）启动两台虚拟机，分别进入控制台，使用用户 root、密码 password 登录 ttylinux。执行 vi /etc/sysconfig/network-scripts/ifcfg-eth0 命令，将文件中的 ENABLE 所在行设置为 ENABLE=yes，并使用":wq"命令保存后退出。执行 service network restart 命令重启网络服务，如图 4-30 至图 4-32 所示。

图 4-30 启动虚拟机

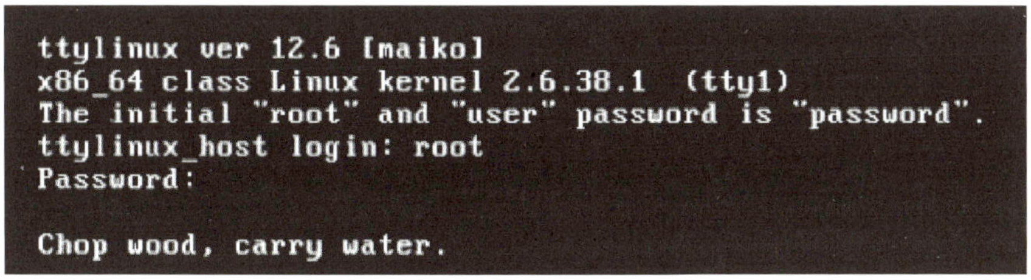

图 4-31 登录虚拟机

学习笔记

```
# service network restart

Network Ethernet interface eth0 is already down.

shutting down loopback interface lo ................................. [  OK  ]
bringing up loopback interface lo ................................... [  OK  ]
udhcpc (v1.18.4) started
Sending discover...
Sending select for 192.168.182.231...
Lease of 192.168.182.231 obtained, lease time 1800
starting DHCP for Ethernet interface eth0 ........................... [  OK  ]
```

图 4-32　重启网络服务获取 IP 地址

（6）重启网络服务后，两台虚拟机均可获得由 DHCP 服务器（VMware workstations）分配的 IP 地址，测试如图 4-33 所示。

```
# ping 192.168.182.231
PING 192.168.182.231 (192.168.182.231): 56 data bytes
64 bytes from 192.168.182.231: seq=0 ttl=64 time=2.079 ms
64 bytes from 192.168.182.231: seq=1 ttl=64 time=0.820 ms
64 bytes from 192.168.182.231: seq=2 ttl=64 time=0.798 ms
64 bytes from 192.168.182.231: seq=3 ttl=64 time=0.650 ms
64 bytes from 192.168.182.231: seq=4 ttl=64 time=0.954 ms
64 bytes from 192.168.182.231: seq=5 ttl=64 time=0.578 ms

--- 192.168.182.231 ping statistics ---
6 packets transmitted, 6 packets received, 0% packet loss
round-trip min/avg/max = 0.578/0.979/2.079 ms
```

图 4-33　测试结果

任务 4-3　使用 VDS 创建备份 VMkernel 网络

1. 任务描述

VMkernel 网络层提供与主机的连接，并处理 vSpherevMotion、IP 存储、Fault Tolerance、vSAN 等服务的标准系统流量。VMkernel 网络出现问题将导致 ESXi 主机无法访问等一系列问题，为此，工程师小李使用 VDS 创建备份 VMkernel 网络，保证 ESXi 主机的访问和管理。

2. 任务实施

（1）在 VDS 中为主机添加 VMkernel 网络（管理），进行主机管理网络的冗余备份。以 192.168.182.141 主机为例，选择该主机并选择“VMkernel 适配器”命令，如图 4-34 所示。

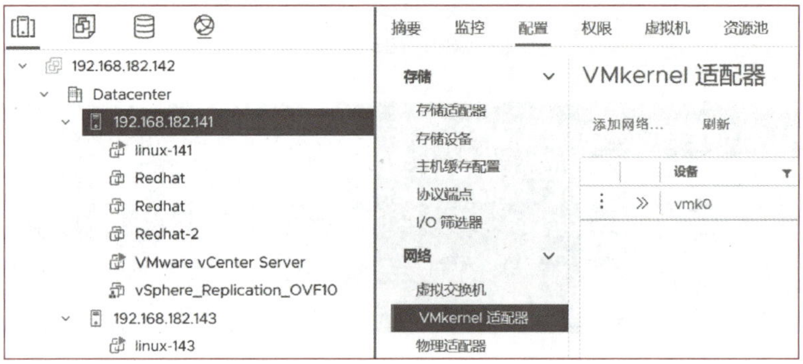

图 4-34　选择主机并选择“VMkernel 适配器”命令

（2）选择连接类型，如图 4-35 所示。

图 4-35　选择连接类型

（3）选择现有网络，如图 4-36 所示。

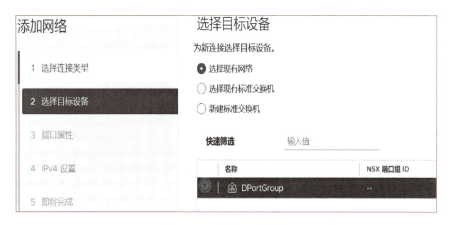

图 4-36　选择现有网络

（4）设置端口属性，如图 4-37 所示。

图 4-37　设置端口属性

（5）根据实际情况进行 IPv4 设置，如图 4-38 所示。

学习笔记

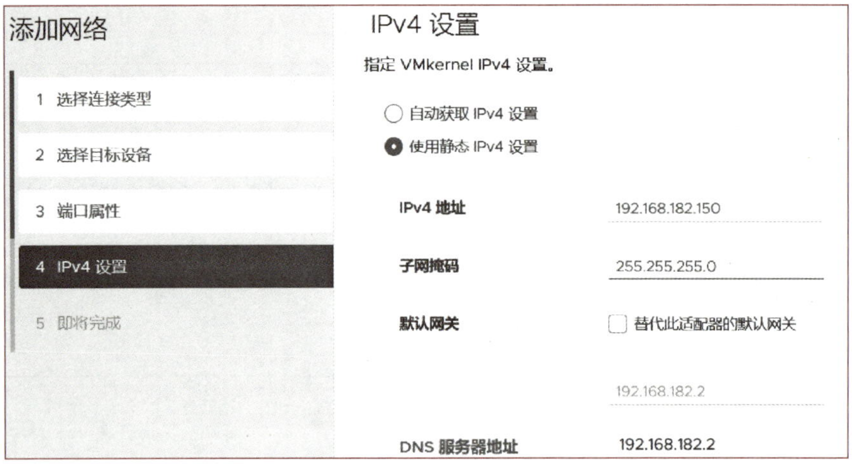

图 4-38　IPv4 设置

（6）信息摘要如图 4-39 所示。

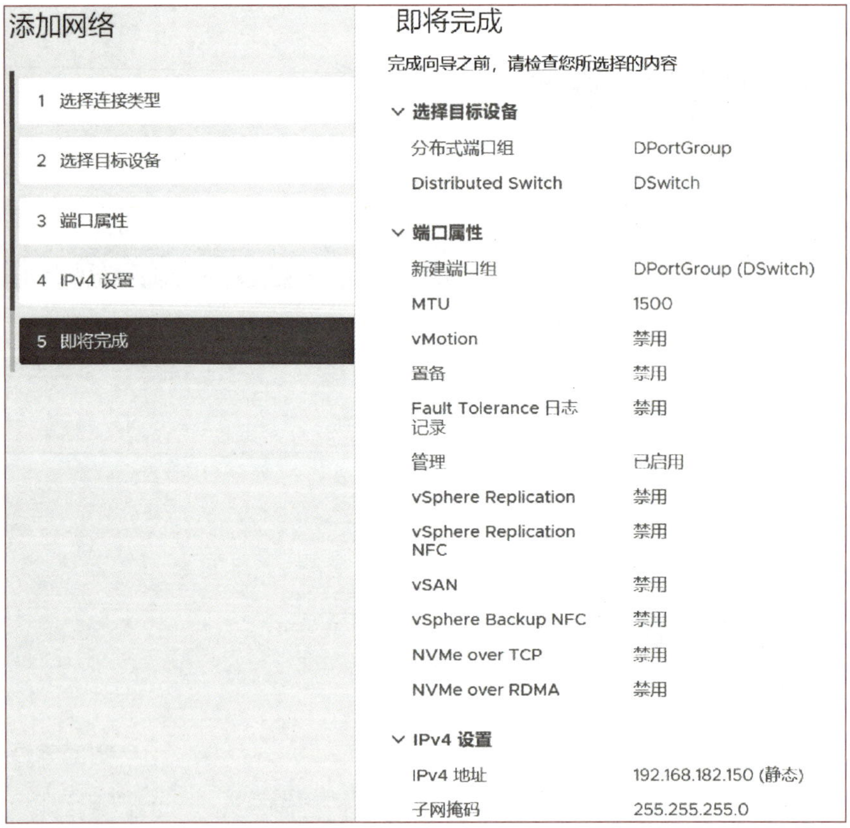

图 4-39　信息摘要

（7）配置结果如图 4-40 所示。使用备份的 VMkernel 网络访问 ESXi 主机，如图 4-41 所示。

项目 4　创建和配置虚拟交换机

图 4-40　设置完成

图 4-41　使用备份的 VMkernel 网络访问 ESXi 主机

小　结

本项目首先介绍网络的基本概念、标准交换机概览，接着介绍了 vSphere Distributed Switch 架构，最后详细介绍了 vSphere Distributed Switch 数据流。根据实际工作任务场景，实施完成了配置虚拟标准交换机、配置分布式交换机（VDS）和使用 VDS 创建备份 VMkernel 网络等三个典型的工作任务，并强调了在任务实施过程中要注意的问题。

练　习

一、选择题

1. (　　) 命令可以显示 vmnic 的物理上行链接状态。
    A. esxcli network ip get　　　　　　B. esxcli network nic list
    C. esxcli network vmnic list　　　　D. esxcli network ifconfig get
2. 管理员已经创建了一个主 VLAN ID 为 2 的私有 VLAN。然后，管理员创建了三个专用 VLAN 如下所示：
- Marketing
- VLAN ID. 4
- VLAN 类型：隔离
- Accounting
- VLAN ID. 5
- VLAN 类型：公开
- Secretary
- VLAN ID. 17
- VLAN 类型：隔离

Accounting VLAN 中的用户报告了与 VLAN Marketing 中的服务器通信的问题，管理员可以采取哪些操作来解决该问题？（　　）（选择两个）

A. 将 Accounting 网络的 VLAN 类型更改为混杂类型
B. 将 Accounting 网络的 VLAN ID 更改为 2
C. 将 Marketing 网络的 VLAN 类型更改为混杂类型
D. 将 Accounting 网络的 VLAN ID 更改为 4

3. 在 vSphere 环境中，可以使用哪些用例作为光纤通道区分？（　　）（选择两个）

A. 增加提供给目标 ESXi 主机的数量
B. 在 fabric 控制和隔离路径
C. 在共享 NFS 上控制和隔离路径
D. 可用于隔离不同的环境

4. 从以太网上的软件光纤通道（FCoE）启动时，管理员应注意哪些因素？（　　）（选择两个）

A. 软件 FCoE 引导配置可以从 ESXi 中进行更改
B. 软件 FCoE 引导固件不能输出 FBFT 格式的信息
C. 不支持多路径 pre-boot
D. 引导 LUN 仍然不能与其他主机共享存储

5. 下列关于以太网光纤通道（FCOE）的说法正确的是（　　）。（选择三个）

A. 网络交换机必须将基于优先级的流控制（PFC）设置为 AUTO
B. ESXi 主机在移动 FCoE 卡到另一个 vSwitch 后将需要重新启动
C. FCoE 卡上的每个端口必须位于同一个 vSwitch 上
D. FCoE 卡上的每个端口必须位于单独的 vSwitch 上

6. 管理员怀疑 vSphere 标准交换机的 MTU 值配置错误，通过（　　）命令可以判断？（选择两个）

A. esxcfg-vswitch　　　　　　　　B. esxcli network vswitch standard list
C. esxcfg-vss　　　　　　　　　　D. esxcli network standard vswitch list

7. （　　）辅助私有VLAN（PVLAN）类型可以向隔离的PVLAN进行通信和发送数据包。

  A. Community（公开）   B. Isolated（隔离）

  C. Promiscuous（混杂）   D. Primary（首要）

8. 在使用分布式交换机时，（　　）可避免单点故障。

  A. 增加备用交换机   B. 配置链路聚合

  C. 设置高可用性   D. 所有上述选项

9. 分布式交换机支持（　　）网络连接类型。

  A. VMkernel 网络   B. 虚拟机网络

  C. 物理网络适配器   D. 所有上述选项

10. 在 VMware ESXi 中，（　　）可为分布式交换机设置 VLAN ID。

  A. 在分布式交换机的属性中设置 B. 在虚拟机的属性中设置

  C. 在 vCenter Server 中设置   D. 无法设置

二、简答题

1. 简述什么是分布式交换机。
2. 配置分布式交换机有哪些好处？
3. 什么是虚拟交换机的上行链路？
4. 简述 VMkernel 网络的作用。

拓展阅读

王亚平：采撷最璀璨的星

  二十大代表、中国人民解放军航天员大队特级航天员王亚平是中国首位进驻空间站、首位出舱活动的女航天员，她数十年如一日艰苦训练，时刻准备着为祖国出征太空再立新功。

  1997年，17岁的王亚平通过了空军选拔进入长春飞行学院，成长为一名优秀的女飞行员。翱翔蓝天，让她对更广阔的天空充满了好奇和渴望。2003年，当她在电视机前看到杨利伟乘坐神舟五号载人航天飞船飞向太空的画面时，探索太空、为国争光的"飞天梦"让她更加明确自己前进的方向。

  2013年6月，王亚平执行神舟十号载人飞行任务，历时15天，成为我国首位"太空教师"。2021年10月至2022年4月，执行神舟十三号载人飞行任务，历时183天，王亚平创下了多项纪录。作为中国首位进驻空间站的女航天员、中国首位进行出舱活动的女航天员，她不仅迈出了中国女性舱外太空行走第一步，还成为目前在轨时间最长的中国女航天员。

  "我很幸运，赶上这样一个伟大的时代，从事这样一项伟大的事业。"谈及这

学习笔记

些成就，王亚平总是心怀感恩，她说："是祖国托举我们飞上太空，是党和人民给予我们崇高荣誉。"

神舟十三号载人飞行任务中，王亚平同乘组其他2名成员一起圆满完成数千项操作、数十项在轨科学实验。一堂几十分钟的太空授课，背后是200多小时的反复试讲；一项简单的太空实验，背后是数百次的精心操练；一次惊艳的太空行走，背后是上千次的严苛训练。上百万字的飞行手册，她烂熟于心；数以万计的指令，化作条件反射式的肌肉记忆……在王亚平眼中，没有"差不多"，只有"更完美"。

如今的王亚平已经实现了漫步太空"伸手摘星"的梦想，但是她的脚步并没有停下。

项目 5 部署和配置网络存储系统

5.1 项目导入

学校信息中心为了充分利用现有的硬件资源，将实施一个虚拟化项目，将原有的两台服务器进行虚拟化。在物理服务器上安装 ESXi 8.0，对服务器进行虚拟化。考虑到服务器中虚拟机存储的需要，工程师小李搭建一个网络存储系统，决定采用 openfiler 搭建一个免费的网络存储系统为 ESXi 8.0 提供数据存储服务。

卷组与卷

5.2 职业能力目标和要求

- 掌握 openfiler 的安装和数据卷的划分；
- 了解 iSCSI 服务；
- 熟悉卷组和卷的概念；
- 能熟练在 ESXi 主机中挂载数据卷。

配置iSCSI存储

5.3 相关知识

5.3.1 数据存储

数据存储的定义如图 5-1 所示。

ESXi 存储器管理过程以存储器管理员在不同存储系统上预先分配的存储空间开始。ESXi 支持下列类型的存储器。

1. 本地存储器

将虚拟机文件存储在内部存储磁盘或直接连接的外部存储磁盘上。

本地存储器可以是位于 ESXi 主机内部的内部硬盘，也可以是位于主机之外并直接通过 SAS 或 SATA 等协议连接主机的外部存储系统。本地存储不需要存储网络即可与主机进行通信。

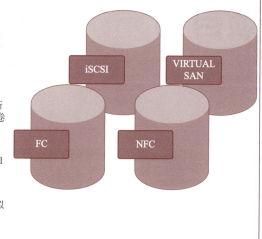

什么是数据存储？

数据存储是一种逻辑容器，可存储虚拟机操作必需的虚拟机文件和其他文件。数据存储可存在于不同类型的物理存储上，包括本地存储、iSCSI、光纤通道SAN或NFS。您有几种数据存储可以选择：VMFS、NFS、Virtual SAN或Virtual Volumes。

您可以通过格式化本地磁盘或SAN LUN来创建新的VMFS数据存储，也可以通过向主机挂载NFS卷来创建NFS数据存储。

Virtual SAN数据存储使用主机群集的本地存储资源，您在群集上启用Virtual SAN后，会创建Virtual SAN数据存储。群集中的所有主机都可以访问和共享该Virtual SAN数据存储。

Virtual Volumes提供另一种数据存储，在识别虚拟机的存储容量的vSphere Web Client池中显示。

图 5-1　数据存储的定义

2. 联网的存储器

将虚拟机文件存储在通过直接连接或高速网络与主机相连的外部存储磁盘或阵列上。

5.3.2　openfiler

openfiler 由 rPath Linux 驱动，它是一个基于浏览器的免费网络存储管理实用程序，可以在单一框架中提供基于文件的网络连接存储（NAS）和基于块的存储区域网（SAN）。整个软件包与开放源代码应用程序（如 Apache、Samba、LVM2、ext3、Linux NFS 和 iSCSI Enterprise Target）连接。Openfiler 将这些随处可见的技术组合到一个易于使用的小型管理解决方案中，该解决方案通过一个基于 Web 且功能强大的管理界面实现。

5.3.3　iSCSI

iSCSI（Internet small computer system interface，Internet 小型计算机系统接口）技术是一种由 IBM 公司研究开发的，是一个供硬件设备使用的可以在 IP 协议的上层运行的 SCSI 指令集，这种指令集可以实现在 IP 网络上运行 SCSI 协议，使其能够在诸如高速千兆以太网上进行路由选择。iSCSI 技术是一种新存储技术，该技术是将现有 SCSI 接口与以太网络（Ethernet）技术结合，使服务器可与使用 IP 网络的存储装置互相交换资料。

Internet 小型计算机系统接口（iSCSI）是一种基于 TCP/IP 的协议，用来建立和管理 IP 存储设备、主机和客户机等之间的相互连接，并创建存储区域网络（SAN）。SAN 使得 SCSI 协议应用于高速数据传输网络成为可能，这种传输以数据块级别

（block-level）在多个数据存储网络间进行。

SCSI 结构基于客户端/服务器模式，其通常应用环境是：设备互相靠近，并且这些设备由 SCSI 总线连接。iSCSI 的主要功能是在 TCP/IP 网络上的主机系统（启动器 initiator）和存储设备（目标器 target）之间进行大量数据的封装和可靠传输过程。此外，iSCSI 提供了在 IP 网络封装 SCSI 命令，且运行在 TCP 上。

iSCSI 的工作过程：当 iSCSI 主机应用程序发出数据读写请求后，操作系统会生成一个相应的 SCSI 命令，该 SCSI 命令在 iSCSI initiator 层被封装成 iSCSI 消息包并通过 TCP/IP 传送到设备侧，设备侧的 iSCSI target 层会解开 iSCSI 消息包，得到 SCSI 命令的内容，然后传送给 SCSI 设备执行；设备执行 SCSI 命令后的响应，在经过设备侧 iSCSI target 层时被封装成 iSCSI 响应 PDU，通过 TCP/IP 网络传送给主机的 iSCSI initiator 层，iSCSI initiator 会从 iSCSI 响应 PDU 中解析出 SCSI 响应并传送给操作系统，操作系统再响应给应用程序。

硬件成本低：构建 iSCSI 存储网络，除了存储设备外，交换机、线缆、接口卡都是标准的以太网配件，价格相对来说比较低。同时，iSCSI 还可以在现有网络上直接安装，并不需要更改企业的网络体系，这样可以最大限度地节约投入。

操作简单，维护方便：对 iSCSI 存储网络的管理，实际上就是对以太网设备的管理，只需花费少量的资金去培训 iSCSI 存储网络管理员。当 iSCSI 存储网络出现故障时，问题定位及解决也会因为以太网的普及而变得容易。

扩充性强：对于已经构建的 iSCSI 存储网络来说，增加 iSCSI 存储设备和服务器都将变得简单且无须改变网络的体系结构。

带宽和性能：iSCSI 存储网络的访问带宽依赖以太网带宽。随着千兆以太网的普及和万兆以太网的应用，iSCSI 存储网络会达到甚至超过 FC（fiber channel，光纤通道）存储网络的带宽和性能。

突破距离限制：iSCSI 存储网络使用的是以太网，因而在服务器和存储设备空间布局上的限制会少很多，甚至可以跨越地区和国家。

iSCSI target 是位于 Internet 小型计算机系统接口（iSCSI）服务器上的存储资源。iSCSI 是一个通过 IP 网络基础设施来连接数据存储设备的协议。

5.4 项目实施

任务 5-1　安装 openfiler

1. 任务描述

在 VMware Workstation 中创建 openfiler 虚拟机，分配 4 个硬盘（1 个用来安装 openfiler，3 个用来存储）。同时，该虚拟机挂载 openfileresa-2.99.1-x86_64-disc1.iso 镜像。安装完成后配置 openfiler 的管理 IP。

安装 openfiler

2. 任务实施

（1）在 VMware Workstation 中创建 openfiler 虚拟机，配置如图 5-2 所示。CD/DVD 挂载 openfileresa-2.99.1-x86_64-disc1.iso 镜像。

图 5-2　openfiler 虚拟机配置

（2）启动该虚拟机，出现 openfiler 安装界面，如图 5-3 所示，按【Enter】键进行安装。单击两次 Next 按钮，进入到下一个界面，如图 5-4 所示，此时系统会提醒磁盘要进行分区，单击 Yes 按钮进入图 5-5 所示的界面，单击 Next 按钮后，单击 Yes 按钮。

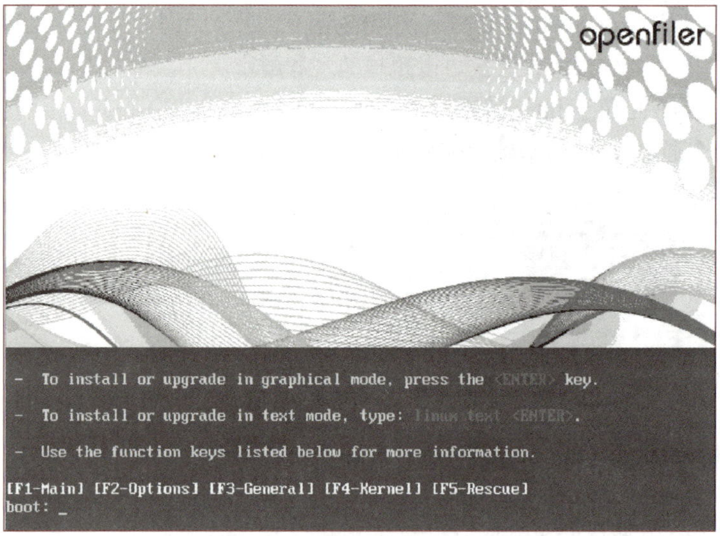

图 5-3　安装 openfiler

项目 5　部署和配置网络存储系统

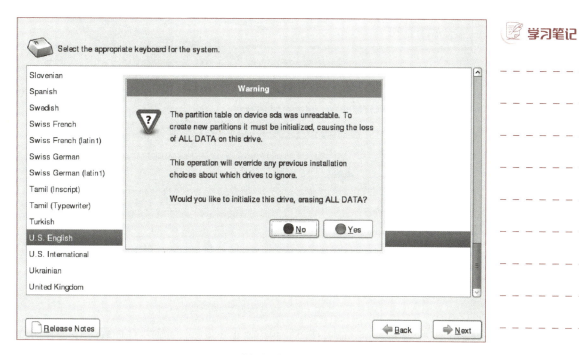

图 5-4　选择键盘布局

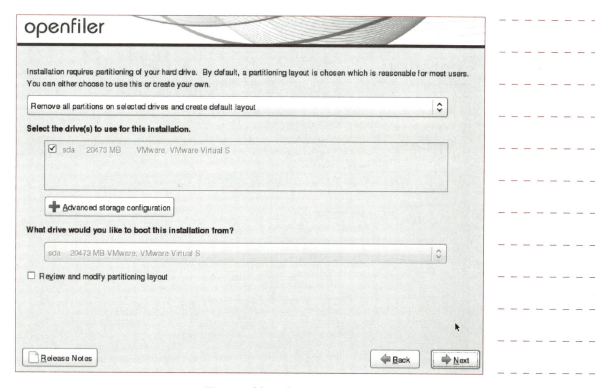

图 5-5　选择硬盘

（3）此时，弹出 Warning 对话框，单击 Yes 按钮，如图 5-6 所示。

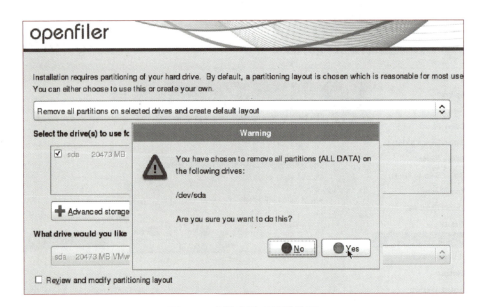

图 5-6　确认安装系统的分区

（4）配置 openfiler 网卡信息，此步骤非常重要。否则，后期修改 IP 会比较麻烦。单击 Edit 按钮，设置 IP 地址为 192.168.182.23，单击 OK 按钮。再单击 next 按钮，此时提示网关、主 DNS 服务器、次 DNS 服务器没有设置的提醒，都单击 Continue 按钮，如图 5-7 和图 5-8 所示。

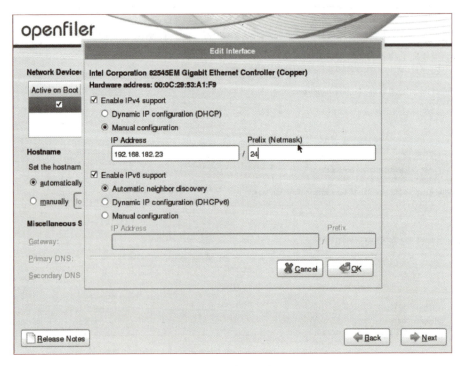

图 5-7　设置 IP 地址

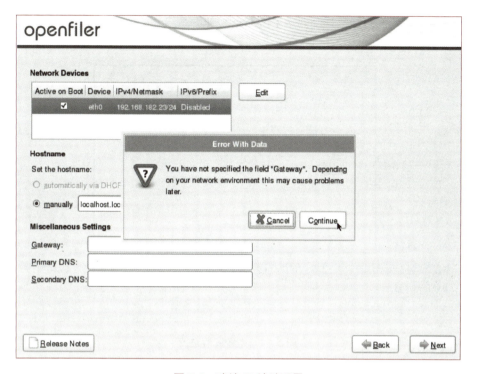

图 5-8　确认 IP 地址配置

（5）选择"亚洲 / 上海"时区，如图 5-9 所示。

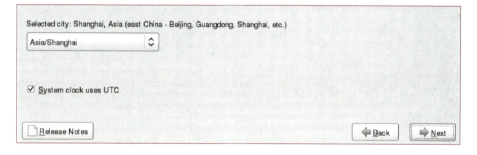

图 5-9　选择时区

（6）设置密码，如图 5-10 所示。

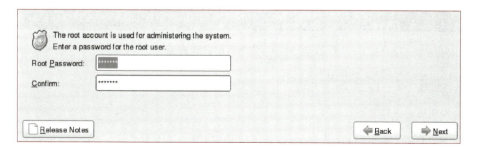

图 5-10　设置密码

（7）设置密码后，连续两次单击 next 按钮，系统开始安装，如图 5-11 所示。

图 5-11　系统安装进度

（8）安装完成后，重新启动，进入 openfiler 的界面，如图 5-12 所示。

图 5-12　重启后的系统界面

任务 5-2　设置 iSCSI 磁盘

1. 任务描述

通过浏览器访问 openfiler 的管理 IP（https://192.168.182.23：446），创建一个 iSCSI 磁盘供 ESXi 主机中的虚拟机使用。

设置 iSCSI 磁盘

2. 任务实施

（1）使用浏览器登录 openfiler，若如图 5-13 所示出现"建立安全连接失败"的提示，在火狐浏览器地址栏中输入"about：config"，单击"接受风险并继续"超链接，在搜索栏中输入"security.tls.version.min"，将默认值 3 修改为 1，如图 5-14 所示。选择"继续浏览此网站"超链接。默认的登录用户为 openfiler，密码为 password。登录后的界面如图 5-15 和图 5-16 所示。

图 5-13　建立安全连接失败

图 5-14　修改 security.tls.version.min

图 5-15　输入用户名和密码

图 5-16　openfiler 首页

（2）在 VMware Workstation 中添加一个 20GB 存储磁盘到 openfiler 作为 iSCSI 的共享磁盘。在 VMware Workstation 菜单栏中选择"虚拟机"→"设置"→"添加"→"硬盘"命令，然后连续单击"下一步"按钮。此步骤一定要做，否则，在 openfiler 中将无磁盘用来分卷，如图 5-17 所示。

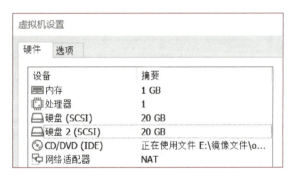

图 5-17　为 openfiler 虚拟机添加硬盘

（3）选择 Volumes → Block Devices 选项，如图 5-18 所示，选择"/dev/sdb"选项（见图 5-19）进入磁盘 sdb 的编辑分区页面，拖动浏览条到达页面的底部，如图 5-20 所示，单击 Create 按钮创建磁盘分区。

图 5-18　选择块设备

图 5-19　选择磁盘

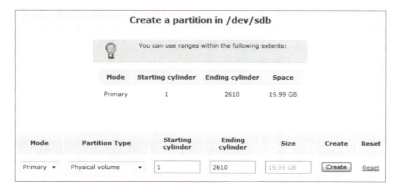

图 5-20　创建物理卷

（4）选择页面右侧 Volumes section 区域的 Volume groups 选项创建卷组，卷组名称为 hzy，单击 Add volume group 按钮添加卷组，如图 5-21 所示。

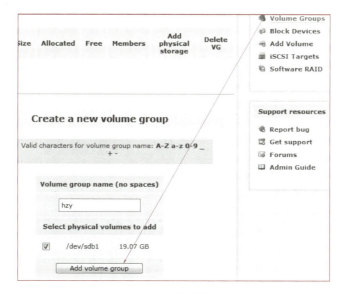

图 5-21　创建卷组

(5)选择页面右侧 Volumes section 区域的 Add volume 选项创建卷,卷组名称为 exsi。把整个卷组的空间都分给 exsi 卷,单击 Create 按钮创建卷。注意:Filesystem/Volume type 选择为 block 类型,否则该卷将无法映射到 iSCSI,如图 5-22 所示。

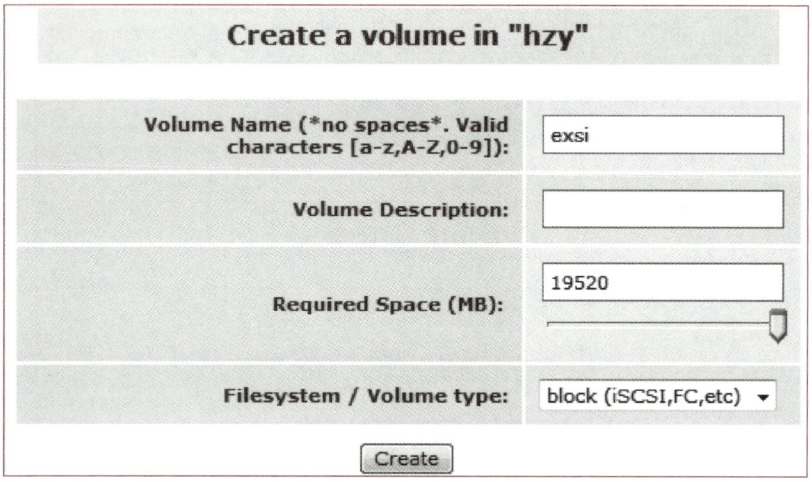

图 5-22 在卷组中创建 exsi 卷

(6)开启 iSCSI 服务,选择 Services → iSCSI Target → Enable 选项设置 openfiler 开机启动时运行 iSCSI 服务,选择 Start 选项启动 iSCSI 服务,如图 5-23 所示。

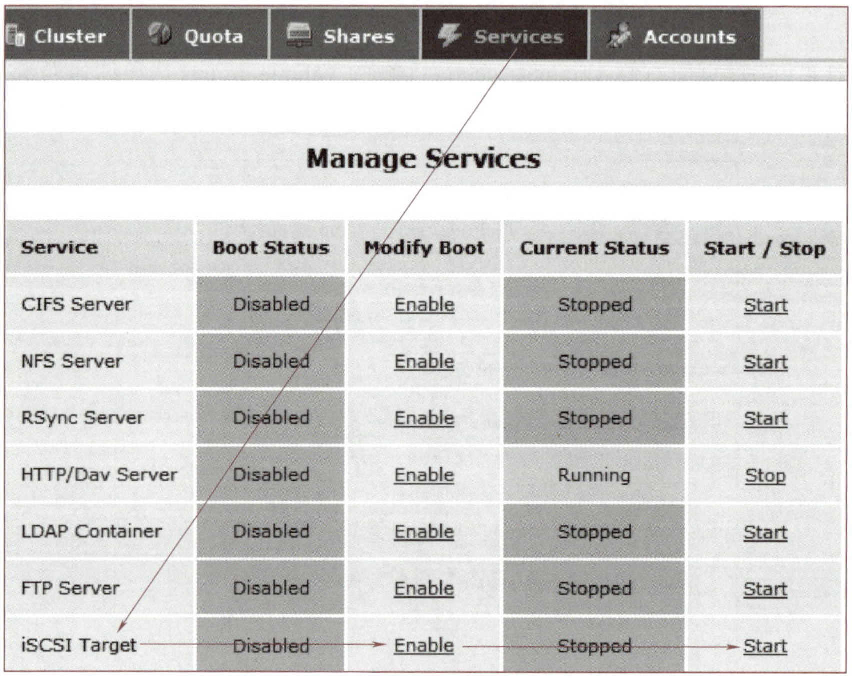

图 5-23 开启 iSCSI 服务

（7）选择 Volumes 选项，然后选择页面右侧 Volumes section 区域的 iSCSI Targets 选项，进入 iSCSI 设置界面，单击 Add 按钮添加一个 iSCSI Target，如图 5-24 所示。

图 5-24　设置 iSCSI 目标

（8）将 exsi 卷映射到添加的 iSCSI Target 中，选择 LUN Mapping→Map 选项。如图 5-25 所示。

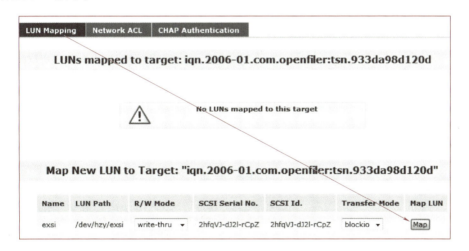

图 5-25　映射 LUN

（9）设置网络访问控制，选择 System 选项卡（见图 5-16），输入图 5-26 所示信息。

图 5-26　设置网络访问控制

(10) 选择 Volumes 选项卡，选择页面右侧 Volumes Section 区域的 iSCSI Targets 选项，在 Network ACL 选项卡中将上述设置的网络访问设置为 Allow，如图 5-27 所示。

图 5-27　设置网络 ACL

任务 5-3　挂载 iSCSI 磁盘

1. 任务描述

通过浏览器访问 openfiler 的管理 IP（https://192.168.182.23：446），挂载一个 iSCSI 磁盘供 ESXi 主机中的虚拟机使用。

2. 任务实施

（1）登录 vCenter 或登录单台 ESXi 主机，选择"配置"→"存储"→"存储适配器"选项，单击"添加 iSCSI 适配器"按钮，如图 5-28 所示。

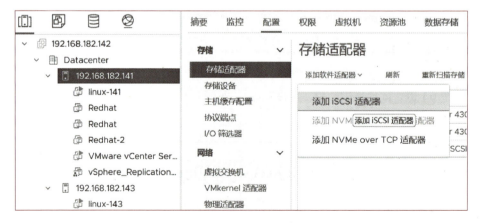

图 5-28　添加 iSCSI 适配器

（2）选择添加好的软件 iSCSI 适配器，在"动态发现"选项卡中单击"添加"超链接，输入 IP 地址，如图 5-29 所示。

图 5-29 添加 iSCSI 服务器（输入 IP 地址）

（3）定位到"网络端口绑定"区域，单击"添加"超链接，可依据实际情况新建一个 VMkernel 网络承载软件 iSCSI 适配器的通信流量，将流量进行分类，提高网络传输性能，如图 5-30 所示。

图 5-30 绑定 VMkernel 适配器

（4）单击"重新扫描存储"超链接，单击"适配器"列，将会看到新添加的存储设备。扫描后可以在"存储设备"选项卡中看到挂载的 iSCSI 磁盘，如图 5-31 和图 5-32 所示。

图 5-31 重新扫描存储

图 5-32 挂载的 iSCSI 磁盘

（5）选择"数据存储"选项卡，右击数据中心，在弹出的快捷菜单中选择"存储"→"新建数据存储"命令，如图 5-33 所示。

图 5-33 新建数据存储

（6）指定数据存储类型，如图 5-34 所示。

图 5-34 指定数据存储类型

（7）设置数据存储的名称，如图 5-35 所示。

项目 5　部署和配置网络存储系统

图 5-35　设置数据存储的名称

（8）选择 VMFS 版本，如图 5-36 所示。

图 5-36　选择 VMFS 版本

（9）分区设置，如图 5-37 所示。

图 5-37　分区设置

（10）设置向导结束后，数据存储如图 5-38 所示。

图 5-38　添加数据存储完毕

任务 5-4　挂载 iSCSI 磁盘（CHAP 验证）

1. 任务描述

通过浏览器访问 openfiler 的管理 IP（https：//192.168.182.23：446），挂载一个 iSCSI 磁盘（使用 CHAP 验证）供 ESXi 主机中的虚拟机使用。

2. 任务实施

（1）登录 openfiler，新建 esxi-chap 卷并将其映射出来，并设置 CHAP 验证，如图 5-39 和图 5-40 所示。

图 5-39　映射 esxi-chap 卷

图 5-40　设置 CHAP 认证密码

（2）在原有 iSCSI 适配器的"属性"选项卡的"身份验证"中选择"编辑"选项，身份验证方法设置为"使用单向 CHAP（如果目标需要）"，在出站凭据中填入 openfiler 中设置的 CHAP 用户名和密码，如图 5-41 和图 5-42 所示。

图 5-41　设置身份验证

图 5-42 设置 CHAP 认证密码

（3）单击"重新扫描存储"超链接，在"设备"选项卡中可以看到，openfiler 中使用 CHAP 认证的存储卷已被 ESXi 主机识别到，如图 5-43 所示。

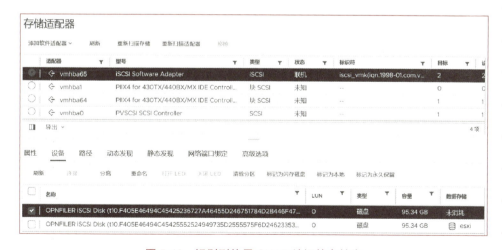

图 5-43 识别到使用 CHAP 认证的存储卷

（4）重复任务 5-3 中的步骤（5）～步骤（10），可以将该卷设置为 ESXi 主机的数据存储，如图 5-44 所示。

图 5-44 添加数据存储完毕

小 结

本项目首先介绍数据存储基本概念、Openfiler，接着介绍了 iSCSI 技术。根据实际工作任务场景，实施完成了安装 openfiler、设置 iSCSI 磁盘、挂载 iSCSI 磁盘、挂载 iSCSI 磁盘（CHAP 验证）等四个典型的工作任务，并强调了在任务实施过程中要注意的问题。

练 习

一、选择题

1. 为了在 ESXi 中创建共享存储，可以使用（　　）方法。
   A. NFS　　　　B. iSCSI　　　　C. SMB　　　　D. FTP
2. 下列不是 openfiler 功能的是（　　）。
   A. 文件共享　　　　　　　　B. 数据备份
   C. 邮件服务器　　　　　　　D. 存储虚拟化
3. 在安装 openfiler 之前，应该（　　）。
   A. 确认您的硬件符合要求　　B. 创建一个虚拟机
   C. 配置 RAID 阵列　　　　　D. 打开 SSH 服务
4. 如果想在 ESXi 中使用 openfiler 创建 iSCSI 存储，需要执行以下哪些步骤？（　　）（选择两个）
   A. 创建一个 VMkernel 网络适配器
   B. 在 openfiler 中启用 iSCSI 服务
   C. 创建一个 vSwitch
   D. 将一块网卡分配给 iSCSI 存储网络

5. 当创建 iSCSI 存储时，下列最重要的参数是（　　）。
   A. 存储容量　　　　　　　　B. 带宽
   C. 响应时间　　　　　　　　D. IOPS

6. 当使用 openfiler 创建 iSCSI 存储时，需要在 ESXi 中执行（　　）步骤。（选择两个）
   A. 创建一个 VMkernel 网络适配器
   B. 将一块网卡分配给 iSCSI 存储网络
   C. 在 openfiler 中启用 iSCSI 服务
   D. 在 ESXi 中创建一个新的数据存储

7. 如果要在 ESXi 中将 openfiler 配置为共享存储，下列必需的步骤是（　　）。
   A. 在 ESXi 中启用 iSCSI 服务
   B. 在 openfiler 中启用 NFS 服务
   C. 在 ESXi 中创建一个 VMFS 数据存储
   D. 在 openfiler 中创建一个 LUN

8. 如果要在 ESXi 中使用 iSCSI 存储，需要先执行（　　）。（选择两个）
   A. 创建一个 VMkernel 网络适配器
   B. 启用 iSCSI 服务
   C. 配置虚拟交换机
   D. 将网卡分配给 iSCSI 存储网络

9. 在连接到 iSCSI 存储时，需要提供（　　）信息。（选择两个）
   A. 存储名称　　　　　　　　B. IP 地址
   C. LUN ID　　　　　　　　　D. 存储容量

10. 如果要在 ESXi 中使用 iSCSI 存储，需要为其分配（　　）类型的数据存储。
    A. VMFS　　　　　　　　　 B. NFS
    C. FAT32　　　　　　　　　D. NTFS

二、简答题

1. 简述 iSCSI 服务。
2. 划分数据卷时要注意什么？
3. 什么是 CHAP 认证？

拓展阅读

曙光 ParaStor 液冷存储系统

存储是数据中心的三大件之一，在数据中心 IT 系统能耗中，存储占比超过 35%，比例仅次于服务器能耗。也就是说，如果存储的 PUE 值降低，那整个数据中心的 PUE 值都会明显降低。但是，由于技术、生态、业务上的高门槛，液冷存储发展明显缓慢了很多。

相比传统的绿色存储方式，中科曙光的做法是，将换热效率更高的冷板式液冷方案与存储技术结合，显著降低内存、HDD 等存储关键部件的工作温度，大幅降低散热功率；还对系统软件进行了深度优化，通过采用大比例纠删码、数据重删压缩、硬盘分区休眠、电源功耗精细化控制等技术，在保证容量和性能的基础上，充分提高存储资源利用率，最大限度降低存储系统功耗。

曙光 ParaStor 液冷存储系统，全方位继承曙光成熟、稳定的液冷技术，通过先进的硬件设计，引入比风冷散热效率更高的冷板式液冷方案，与存储技术全面结合，存储节点 PUE 值降至 1.2 以下。与液冷服务器形成"存算一栈式"液冷方案，数据中心 PUE 值可降至 1.1 以下。

注：PUE= 数据中心总能耗 /IT 设备能耗，其中数据中心总能耗包括 IT 设备能耗和制冷、配电等系统的能耗，其值大于 1，越接近 1 表明非 IT 设备耗能越少，即能效水平越好。

项目 6

备份和恢复虚拟机

6.1 项目导入

学校信息中心为了充分利用现有的服务器硬件资源,将实施一个虚拟化项目,将原有的两台服务器进行虚拟化。ESXi 主机中的 Redhat 虚拟机运行了重要服务,要求对该虚拟机进行备份,可以将其恢复到某个时间节点的状态。工程师小李决定部署 vSphere Replication 对 ESXi 主机的虚拟机进行备份和恢复。

6.2 职业能力目标和要求

- 掌握 vSphere Replication 系统要求;
- 能熟练安装 vSphere Replication;
- 能使用 vSphere Replication 对虚拟机进行复制和恢复;
- 掌握 vSphere Replication 的工作方式;
- 掌握恢复点目标(RPO)值的作用。

6.3 相关知识

6.3.1 VMware vSphere Replication 简介

VMware vSphere Replication 是 VMware vCenter Server 的扩展,提供基于 Hypervisor 的虚拟机复制和恢复功能。

vSphere Replication 是基于存储的复制的一个备用方案。它可以通过在以下站点之间复制虚拟机来保护虚拟机,以免出现部分或整个站点故障:

(1)从源站点到目标站点。

(2)在一个站点中从一个集群到另一个集群。

(3)从多个源站点到一个共享远程目标站点。

与基于存储的复制相比较,vSphere Replication 提供了多种益处:

(1)每个虚拟机的数据保护成本更低。

(2)复制解决方案允许灵活选择源站点和目标站点的存储供应商。

(3)每次复制的总体成本更低。

6.3.2 恢复点目标

在复制配置期间设置恢复点目标(RPO)值时,需要确定用户可以忍受的数据丢失上限。

恢复点目标如何影响复制调度?RPO 值会影响复制调度,但 vSphere Replication 不遵守严格的复制调度。例如,将 RPO 设置为 15 min 时,vSphere Replication 最多可以忍受的数据丢失时长为 15 min。这并不意味着数据每 15 min 复制一次。

如果 RPO 设置为 x min,且该 RPO 没有被违反,则最新的可用复制实例不会反映 x min 之前的状态。复制实例反映同步操作开始时虚拟机的状态。

将 RPO 设置为 15 min。如果同步操作开始于 12:00 并用 5 min 时间传输到目标站点,则实例在 12:05 时在目标站点可用,但它只反映虚拟机在 12:00 时的状态。下一次同步开始时间将不迟于 12:10。当开始于 12:00 的第一个复制实例在 12:15 过期时,此复制实例将可用。

如果将 RPO 设置为 15 min 并且复制传输一个实例用时 7.5 min,则 vSphere Replication 始终传输实例。如果复制用时超过 7.5 min,则复制会遇到周期性违反 RPO 的情况。

如果复制在 12:00 开始,传输实例需要 10min,则复制将在 12:10 完成。用户可以立即开始另一个复制,但该复制将在 12:20 完成。在时间间隔 12:15-12:20 期间,将发生 RPO 冲突,因为最新可用实例在 12:00 启动,所以太旧了。

复制调度程序会通过重叠复制以优化带宽使用来尝试符合这些约束,并且可能提前为某些虚拟机启动复制。

为确定复制传输时间,复制调度程序会使用前几个实例的持续时间估计下一实例的传输时间。

6.3.3 vSphere Replication 的工作方式

使用 vSphere Replication,用户可以为虚拟机配置从源站点到目标站点的复制,监控和管理复制状态以及在目标站点恢复虚拟机。

配置虚拟机进行复制时,vSphere Replication 代理会将虚拟机磁盘中更改的块从源站点发送到目标站点。更改的块将应用于虚拟机的副本。此过程不依赖于存储层。vSphere Replication 会对源虚拟机及其副本执行初始完全同步。用户可以使用复制种子减少数据传输在初始完全同步期间生成的网络流量。

在配置复制过程中,用户可以设置一个恢复点目标(RPO),并可保留多个时间点(MPIT)的实例。作为管理员,可以监控和管理复制的状态。用户可以查看有关出站和入站复制、本地和远程站点状态、复制问题以及警告和错误的信息。

手动恢复虚拟机时，vSphere Replication 会为虚拟机创建一个副本，该副本会连接到副本磁盘，但不会将任何虚拟网卡连接到端口组。用户可以查看副本虚拟机的恢复和状态，并将其连接到网络。用户可以恢复不同时间点（如上次已知的一致状态）的虚拟机。vSphere Replication 会将保留的实例呈现为可将虚拟机恢复到的普通虚拟机快照。

vSphere Replication 会在其嵌入式数据库中存储复制配置数据。

6.3.4 vSphere Replication 系统要求

运行 vSphere Replication 虚拟设备的环境必须满足特定的硬件要求。

vSphere Replication 会以 .ovf 格式打包的 64 位虚拟设备的形式进行分发。可将其配置为使用一个双核 CPU 或四核 CPU、一个 16 GB 硬盘、一个 17 GB 硬盘以及 8 GB 的 RAM。另外的 vSphere Replication 服务器需要 1 GB 内存。

必须使用 ESXi 主机上的 OVF 部署向导在 vCenter Server 环境中部署虚拟设备。vSphereReplication 在源主机 ESXi 上和复制虚拟机的客户机操作系统中占用的 CPU 和内存非常小。

6.3.5 vSphere Replication 的操作限制

为确保虚拟机复制成功，必须先验证虚拟基础架构符合相关限制要求，然后再开始复制。

以下操作限制适用于 vSphere Replication：

（1）在一个 vCenter Server 实例中仅可以部署一个 vSphere Replication 设备。部署其他 vSphere Replication 设备时，在 VRMS Appliance Management Interface 的初始配置过程中，vSphere Replication 检测已部署并注册为 vCenter Server 扩展的其他设备。要继续使用新设备，必须进行确认。

（2）每个新部署的 vSphere Replication 设备可以管理最多 400 个复制。

（3）vSphere Replication 8.7 只使用嵌入式数据库，并且需要额外的配置才能支持最多 4000 个复制。

（4）5 min RPO 的最大复制数可能会有所不同，具体取决于网络带宽和每个磁盘的更改速率。vSphere Replication 8.7 可以为 500 个虚拟机提供 5 min RPO。

6.4 项目实施

任务 6-1 部署 vSphere Replication

1. 任务描述

ESXi 主机（192.168.182.141）中的 Redhat 虚拟机运行了重要服务，要求对该虚拟机进行备份,一旦该虚拟机出现故障,可以将其恢复到某个时间节点的状态。工程师小李决定部署 vSphere Replication 对 ESXi 主机的虚拟机进行备份和恢复。

> **注:**
> 本质上 vSphere Replication 是运行在 ESXi 主机的一台虚拟机。

2. 任务实施

(1) 先装载或解压 VMware-vSphere_Replication-8.7.0-21591677.iso,然后登录 vCenter,部署和选择 OVF 模板,如图 6-1 和图 6-2 所示。

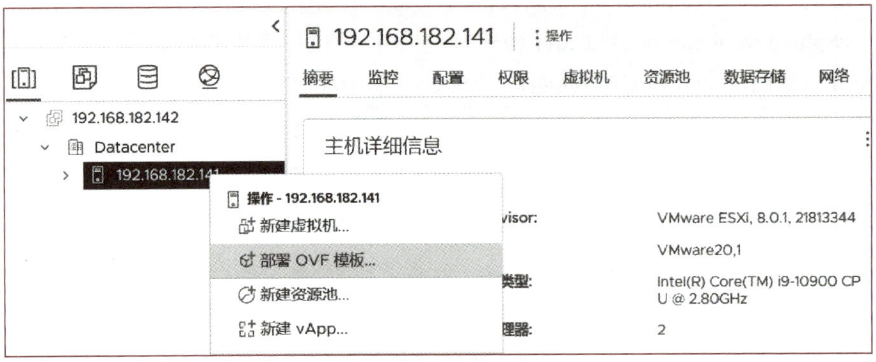

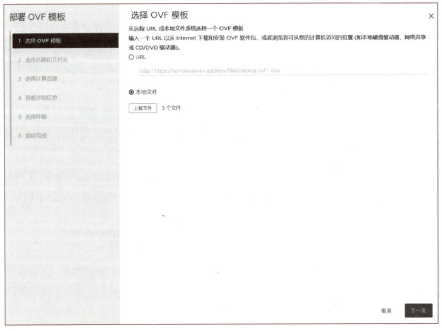

图 6-1　部署 OVF 模板

图 6-2　选择 OVF 模板

(2) 选择图 6-3 所示的 5 个文件(一定要选全,不要遗漏)。

图 6-3 选择 OVF 文件

（3）选择名称和文件夹，为该虚拟机选择位置，如图 6-4 所示。

图 6-4 为该虚拟机选择位置

（4）选择计算资源和验证模板详细信息，如图 6-5 和图 6-6 所示。
（5）接受许可协议和选择部署配置，如图 6-7 和图 6-8 所示。

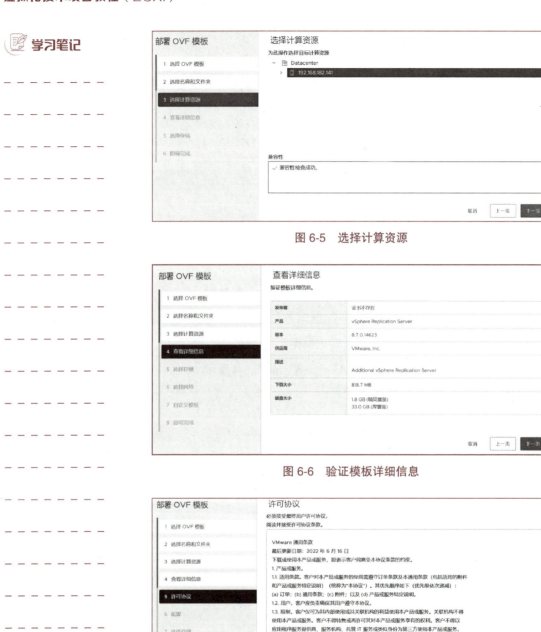

图 6-5　选择计算资源

图 6-6　验证模板详细信息

图 6-7　接受许可协议

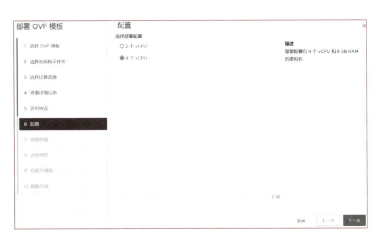

图 6-8 选择部署配置

（6）选择网络和自定义模板，在自定义模板界面输入 root 密码和初始管理员用户密码，如图 6-9 和图 6-10 所示。

图 6-9 选择网络

图 6-10 自定义模板

（7）确认部署配置和部署 OVF 模板任务进度，如图 6-11 和图 6-12 所示。

图 6-11　确认部署配置

图 6-12　部署 OVF 模板任务进度

（8）启动 vSphere Replication 虚拟机，启动完毕后界面如图 6-13 所示。

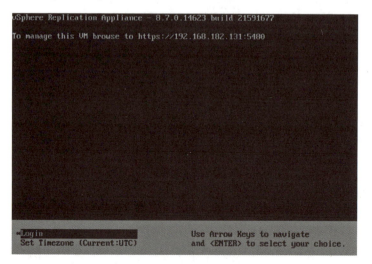

图 6-13　启动 vSphere Replication 虚拟机

（9）使用受支持的浏览器登录到 vSphere Replication VAMI，其访问地址为 https://192.168.182.131：5480，输入设备的 admin 用户名和密码，如图 6-14 所示。

图 6-14　登录 vSphere Replication

（10）在摘要中单击"配置设备"按钮，启动配置 vSphere Replication 向导，如图 6-15 所示。

图 6-15　单击"配置设备"按钮

（11）配置 Platform Services Controller，输入 vCenter Server 的 IP 地址、用户名和密码，并单击"连接"按钮，如图 6-16 和图 6-17 所示。

图 6-16　选择部署配置

学习笔记

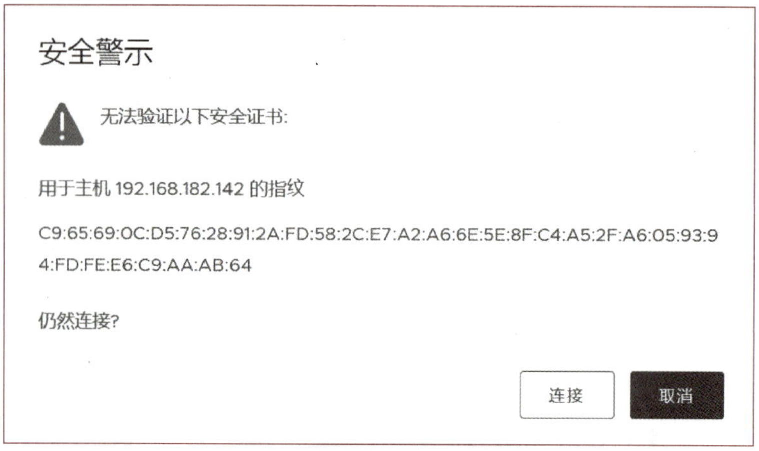

图 6-17　忽略安全警示

（12）选择 vCenter Server 和配置名称和扩展名，本地主机输入 vSphere Replication 的 IP 地址，如图 6-18 和图 6-19 所示。

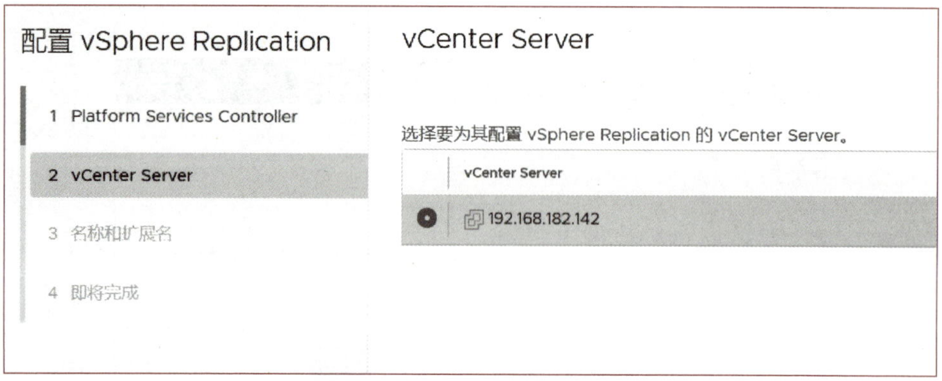

图 6-18　选择 vCenter Server

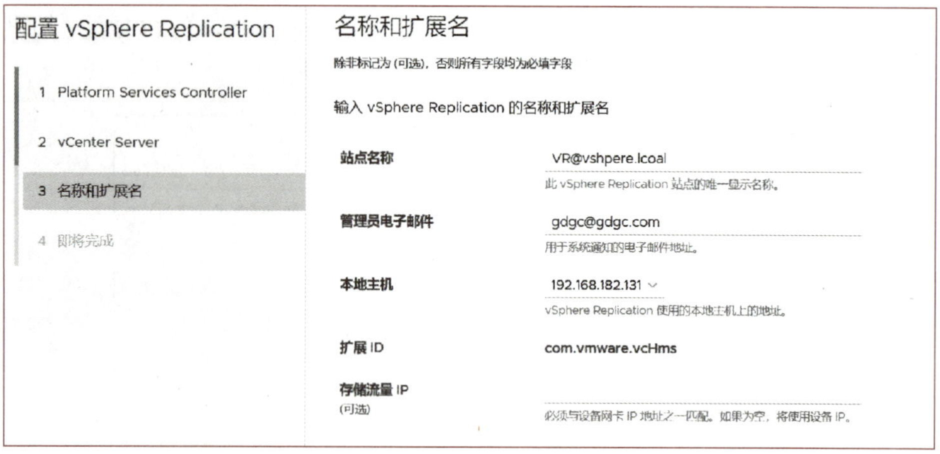

图 6-19　配置名称和扩展名

（13）确认部署信息，如图 6-20 所示。

站点名称	VR@vshpere.lcoal
扩展密钥	com.vmware.vcHms
Platform Services Controller	https://192.168.182.142:443
vCenter Server	192.168.182.142
连接指纹	⚠ C9:65:69:0C:D5:76:28:91:2A:FD:58:2C:E7:A2:A6:6E:5E:8F:C4:A5:2F:A6:05:93:94:FD:FE:E6:C9:AA:AB:64
用于入站存储流量的 IP 地址	192.168.182.131 更改

图 6-20 确认部署信息

（14）部署完成后刷新浏览器，将在 vCenter Server 管理界面的"快捷方式"区域看到 Site Recovery 选项。如图 6-21 所示。

图 6-21 显示 Site Recovery 选项

任务 6-2 部署 vSphere Replication

1. 任务描述

部署完 vSphere Replication 后，为了让维护人员熟悉 vSphere Replication 对虚拟机的复制和恢复操作，工程师小李对 Redhat 虚拟机进行复制和恢复操作。

2. 任务实施

(1) 先登录 vCenter Server,在"快捷方式"区域单击 Site Recovery 选项,打开 Site Recovery 窗口,单击"查看详细信息"按钮,如图 6-22 所示。

图 6-22　打开 Site Recovery

(2) 单击"复制"按钮,然后单击"新建"按钮,选择"自动分配 vSphere Replication 服务器"单击按钮,如图 6-23 所示。

图 6-23　选择目标站点

(3) 选择要复制的虚拟机和目标数据存储,如图 6-24 和图 6-25 所示。

图 6-24　选择虚拟机

学习笔记

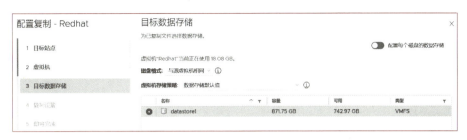

图 6-25　选择目标数据存储

（4）设置恢复点目标（RPO）和确认设置，为了演示虚拟机复制和恢复的效果，恢复点目标（RPO）设置为 5 min，如图 6-26 和图 6-27 所示。

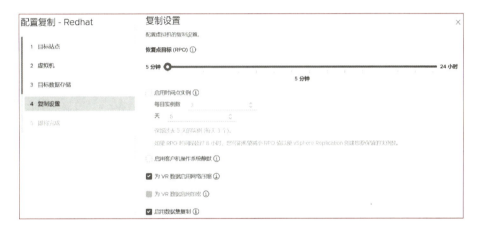

图 6-26　复制设置

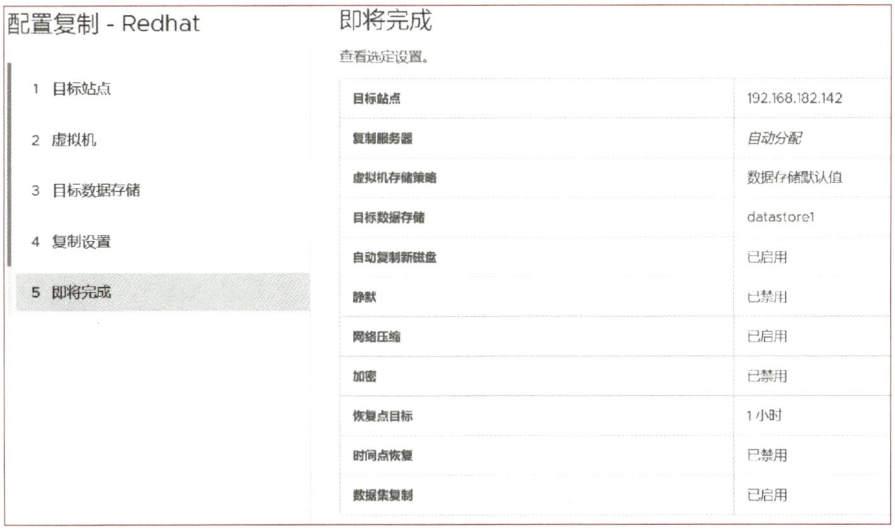

图 6-27　确认设置

（5）设置完毕后，虚拟机将进行同步操作，如图 6-28 和图 6-29 所示。

图 6-28 初始同步

图 6-29 同步完成

（6）恢复虚拟机，为了模拟虚拟机实际的故障，将虚拟机 Redhat 关机。如果其在开机状态，无法使用最新更改恢复已复制的虚拟机，因为其可能与源虚拟机冲突。请确保源虚拟机的电源已关闭，或者选择相应选项以使用目标站点上提供的最新数据恢复虚拟机。单击"恢复"选项，启动恢复虚拟机向导，如图 6-30 和图 6-31 所示。

图 6-30 启动恢复

项目 6　备份和恢复虚拟机

图 6-31　恢复选项

（7）选择文件夹，如图 6-32 所示。

图 6-32　选择文件夹

（8）选择资源，如图 6-33 所示。

图 6-33　选择资源

（9）确认恢复设置和恢复任务进度，如图 6-34 和图 6-35 所示。

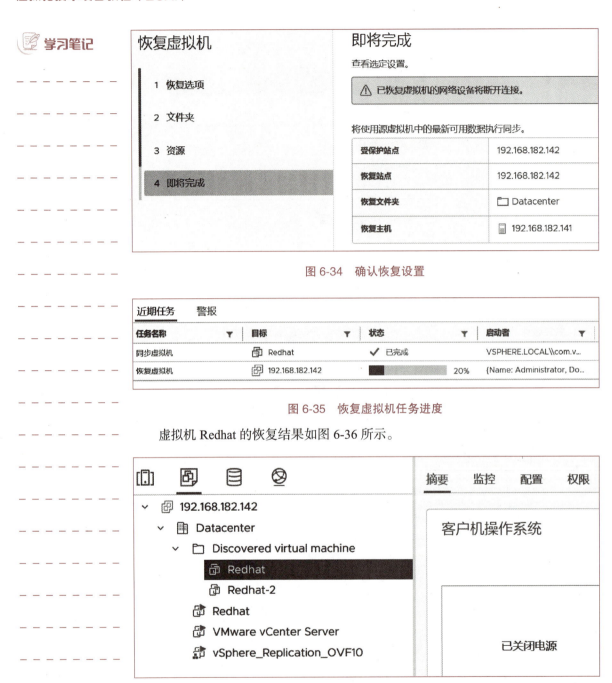

图 6-34　确认恢复设置

图 6-35　恢复虚拟机任务进度

虚拟机 Redhat 的恢复结果如图 6-36 所示。

图 6-36　恢复结果

使用PowerCli
定期为虚拟机
创建快照

任务 6-3　使用 PowerCli 定期为虚拟机创建快照

1. 任务描述

使用定时任务自动执行 PowerCli 脚本为虚拟机创建快照。

2. 任务实施

编写 PowerCli 脚本：

```
# 连接VCenter
Connect-VIServer 192.168.182.142 -User "administrator@vsphere.local" -Password "vCpassword"
# 获取脚本路径
$Path=Get-Location
cd $Path
# 加载虚拟机清单
$servers=import-csv serverlist.txt -encoding Default
foreach($server in $servers){
    $vm=$server.vm
    $date=get-date -Format "yyyy年MM月dd日 HH:mm:ss"
    # 创建虚拟机快照
    Get-Vm $vm | New-Snapshot -name $date
    # 记录日志
    if($?){
        "[INFO]$date $vm 创建快照成功" >> log.txt
    }
    Else {
        "[ERROR]$date $vm 创建快照失败" >> log.txt
    }
}
```

在脚本所在目录创建一个 serverlist.txt 文件，该文件记录了需要定期创建快照的虚拟机名称，首行必须为 vm，第二行起，每行一个虚拟机名称，如图 6-37 所示。

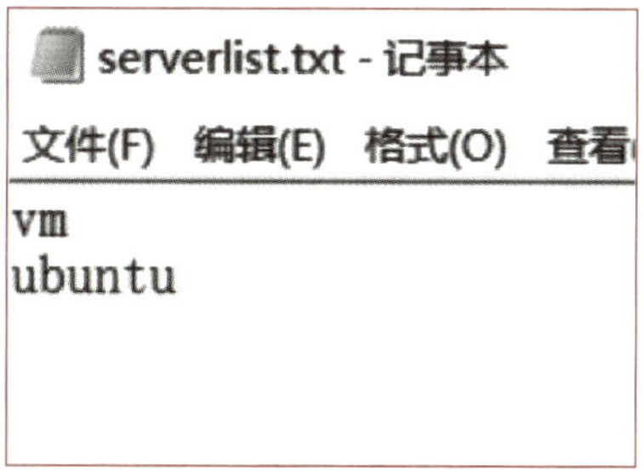

图 6-37　serverlist.txt 文件示例

设置定时任务的操作步骤如下：

（1）右击"此电脑"图标，在弹出的快捷菜单中选择"管理"命令，如图 6-38 所示。

（2）依次找到"系统工具"→"任务计划程序"→"任务计划程序库"选项，

学习笔记

右击后选择“创建基本任务”命令，如图 6-39 所示。

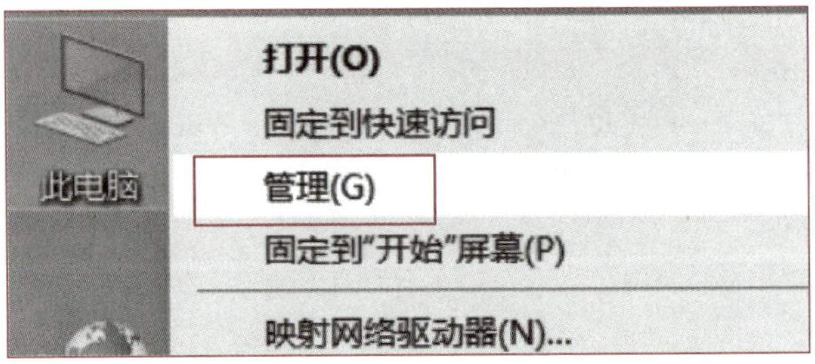

图 6-38　选择“管理”命令

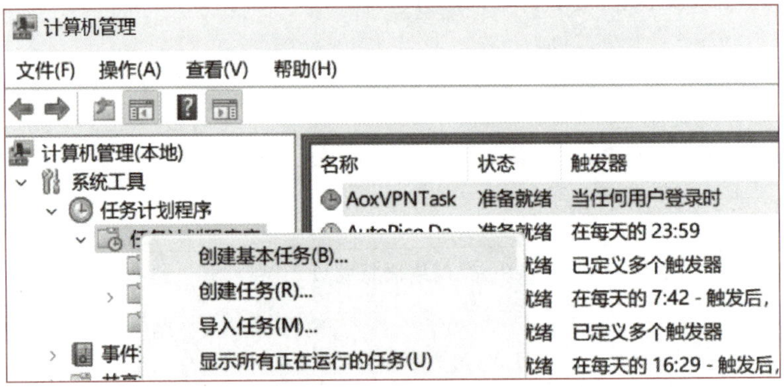

图 6-39　选择“创建基本任务”命令

（3）定义定时任务名称，如图 6-40 所示。

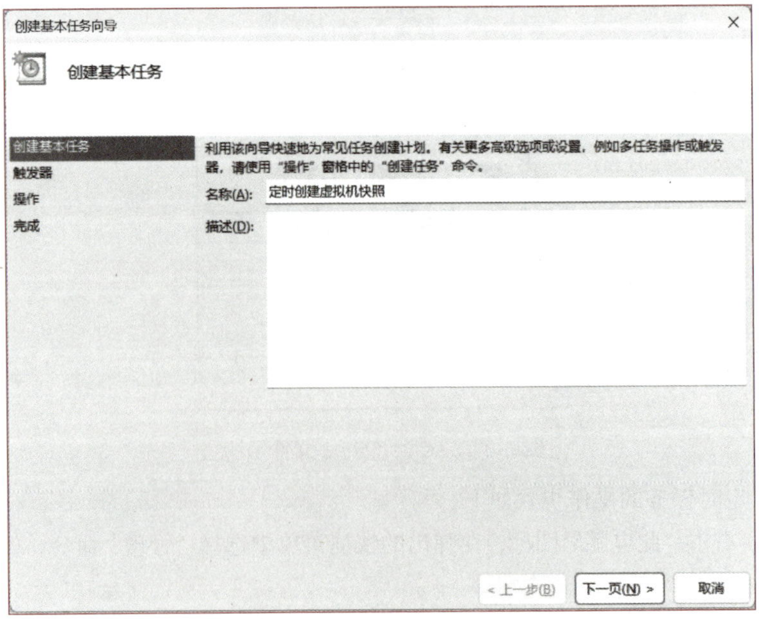

图 6-40　定义定时任务名称

（4）设定任务执行频率，如图 6-41 和图 6-42 所示。

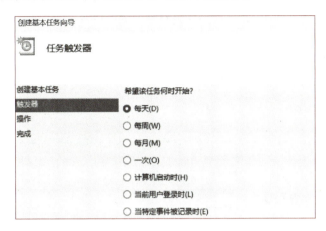

图 6-41　设定任务执行频率（1）

图 6-42　设定任务执行频率（2）

（5）操作类型选择"启动程序"，如图 6-43 所示。

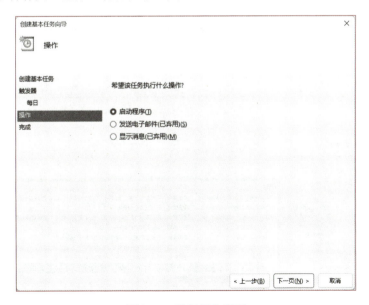

图 6-43　选择操作类型

在"程序和脚本"文本框中输入 powershell，在"添加参数"文本框中输入脚本的完整路径，在"起始于"文本框中输入脚本所在路径，如图 6-44 所示。单击"下一步"按钮，打开"摘要"界面，如图 6-45 所示，单击"完成"按钮，完成设置，如图 6-46 所示。

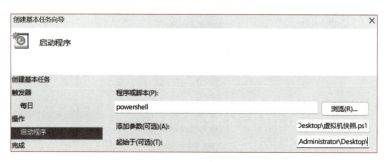

图 6-44　定时任务设置

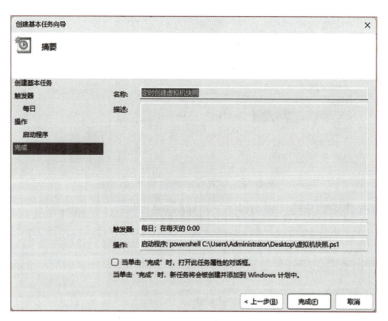

图 6-45　任务配置完成

图 6-46　定时任务列表

小 结

本项目首先介绍 VMware vSphere Replication、恢复点目标的设置，接着介绍了 vSphere Replication 的工作方式和系统要求。根据实际工作任务场景，实施完成了部署 vSphere Replication、使用 vSphere Replication 复制和恢复虚拟机、使用 PowerCli 定期为虚拟机创建快照等三个典型的工作任务，并强调了在任务实施过程中要注意的问题。

练 习

一、选择题

1. 在 VMware ESXi 主机上备份虚拟机，最佳的方法是（　　）。
   A. 使用 vCenter Server 中的文件浏览器手动复制虚拟机文件夹
   B. 使用 vSphere Replication 进行自动化备份
   C. 使用命令行工具进行虚拟机文件复制
   D. 将虚拟机导出为 OVF 文件
2. 当需要恢复备份的虚拟机时，最简单的方法是（　　）
   A. 手动复制备份文件到 ESXi 主机上
   B. 使用 vSphere Client 导入备份的 OVF 文件
   C. 使用 vSphere Replication 进行自动化恢复
   D. 使用 vMotion 将备份的虚拟机迁移到 ESXi 主机上
3. 若要实现快速恢复和最小数据丢失的备份解决方案，应选择（　　）。
   A. 完全虚拟机备份　　　　　　B. 增量虚拟机备份
   C. 快照备份　　　　　　　　　D. 存储快照备份
4. 使用 VMware 的备份和恢复解决方案可以（　　）。
   A. 提高系统性能和故障恢复能力
   B. 减少数据丢失和业务中断时间
   C. 简化备份和恢复操作
   D. 所有上述选项

二、简答题

1. 简述 vSphere Replication 的工作方式。
2. vSphere Replication 的操作有哪些限制？
3. 安装 vSphere Replication 时，对运行的 ESXi 主机有哪些硬件要求？
4. 举例说明恢复点目标（RPO）值是如何影响复制调度的。

拓展阅读

邓清明：坚守初心，甘当"备份"

坚守24年多的航天员邓清明终于圆梦，搭乘神舟十五号载人飞船前往中国天宫空间站。此前，作为唯一没有执行过飞天任务仍为现役的首批航天员，他一次次与飞天失之交臂，又一次次重新出发，为祖国永远时刻准备着。他不忘初心、牢记使命，几十年如一日安心做备份、一丝不苟做好备份的精神，永远值得我们学习。

实际上，备份是一个网络术语，是指为避免系统硬件或存储介质发生故障、计算机病毒入侵、人为误删等意外情况，提前将数据存储，以备不测。通常，大项工作或大项工程都有完备的甲方案、乙方案，乃至多手备份，确保关键时刻有备无患。对于备份来说，最大的特点就是正常时默默无闻，非常时起关键作用。

凡事预则立，不预则废。载人航天飞行任务是一项宏大的系统工程，艰巨且复杂，故每次任务都会安排备份，它是整条飞天任务链中不可或缺的重要一环，以起到托底作用。其实，许多执行过飞天任务的航天员都有过备份的经历。

作为备份航天员，训练的科目、时间、内容、强度以及考核标准都与主份一样。不同的是，备份要承受的心理考验更特殊且复杂——付出和主份一样的艰苦努力，却止步于发射塔前；入选备份后，明知飞天任务基本与自己无缘，训练却一点也不能松懈。"欲事立，须是心立。"邓清明之所以能够几十年如一日地坚守与奋斗，关键在于始终坚守一个信念："任务的成功即是我的成功，我宁愿做一块默默无闻的基石，也绝不容忍自己在号角催征时还没有准备好。"正是这份初心让邓清明每次落选后，在最短时间内让自己"归零"，抛开过去，以从零开始的心态迎接新挑战；也正是这份初心，让他义无反顾、坚定如初地等待与努力。

行源于心，力源于志。一代人有一代人的长征，一代人有一代人的担当。当前，世界之变、时代之变、历史之变正以前所未有的方式展开，我国发展进入战略机遇和风险挑战并存、不确定难预料因素增多的时期，也正处于由大向强转变的关键阶段。面对越来越复杂的风险考验，面对来自国内外的各种重大挑战，奋力推进新时代强国强军事业，需要每名官兵都要坚守初心，甘当"备份"，不断增强担当意识、全局意识、补位意识，为实现党在新时代的强军目标、创造无愧于党和人民的光辉业绩而不懈奋斗。

项目 7 迁移虚拟机

7.1 项目导入

学校信息中心为了充分利用现有的硬件资源,将实施一个虚拟化项目,将原有的两台服务器进行虚拟化。由于实际情况的需要,要将服务器之间的虚拟机进行迁移,工程师小李将实施虚拟机迁移操作。

迁移虚拟机

7.1 职业能力目标和要求

- 掌握虚拟机迁移的类型;
- 能熟练进行不同类型的虚拟机迁移;
- 熟悉 vMotion 的概念;
- 理解 vMotion 共享存储器要求。

7.3 相关知识

7.3.1 迁移类型

1. 冷迁移

将已关闭电源或已挂起的虚拟机移至新主机。将已关闭电源或已挂起虚拟机的配置文件和磁盘文件重定位到新的存储位置。也可以使用冷迁移将虚拟机从一个数据中心移至另一数据中心。要执行冷迁移,可手动移动虚拟机或设置调度的任务。

2. 热迁移

根据使用的迁移类型是 vMotion 还是 Storage vMotion,可以将已打开电源的虚拟机移至其他主机,或者将其磁盘或文件夹移至其他数据存储,而不破坏虚拟机的可用性。同时,还可以将虚拟机移动至其他主机和其他存储位置。vMotion 又称实时迁移或热迁移。

7.3.2 vSphere vMotion 网络要求

通过 vMotion 迁移要求已在源主机和目标主机上正确配置网络接口。

为每个主机至少配置一个 vMotion 流量网络接口。为了确保数据传输安全，vMotion 网络必须是只有可信方有权访问的安全网络。额外带宽大大提高了 vMotion 性能。如果在不使用共享存储的情况下通过 vMotion 迁移虚拟机，虚拟磁盘的内容也将通过网络进行传输。

vMotion 网络流量未加密。应置备安全专用网络，仅供 vMotion 使用。

1. 并发 vMotion 迁移的要求

必须确保 vMotion 网络至少为每个并发 vMotion 会话提供 250 Mbit/s 的专用带宽。带宽越大，迁移完成的速度就越快。WAN 优化技术带来的吞吐量增加不计入 250 Mbit/s 的限制。

要确定可能的最大并发 vMotion 操作数，要符合有关同时迁移的限制。这些限制因主机到 vMotion 网络的链路速度不同而异。

2. 远距离 vMotion 迁移的往返时间

如果已经向环境应用适当的许可证，则可以在通过该网络往返滞后时间分隔的主机之间执行可靠迁移。对于 vMotion 迁移，支持的最大网络往返时间为 100 ms。此往返时间允许将虚拟机迁移到距离较远的其他地理位置。

3. 多网卡 vMotion

可通过将两个或更多网卡添加到所需的标准交换机或 Distributed Switch，为 vMotion 配置多个网卡。

7.3.3 vMotion 的虚拟机条件和限制

要使用 vMotion 迁移虚拟机，虚拟机必须满足特定网络、磁盘、CPU、USB 及其他设备的要求。使用 vMotion 时，应符合以下虚拟机条件和限制：

（1）源和目标管理网络 IP 地址系列必须匹配。不能将虚拟机从使用 IPv4 地址注册到 vCenter Server 的主机迁移到使用 IPv6 地址注册的主机。

（2）不能使用 vMotion 迁移功能来迁移将裸磁盘用于群集的虚拟机。

（3）如果已启用虚拟 CPU 性能计数器，则可以将虚拟机只迁移到具有兼容 CPU 性能计数器的主机。

（4）可以迁移启用了 3D 图形的虚拟机。如果 3D 渲染器设置为"自动"，虚拟机会使用目标主机上显示的图形渲染器。渲染器可以是主机 CPU 或 GPU 图形卡。要使用设置为"硬件"的 3D 渲染器迁移虚拟机，目标主机必须具有 GPU 图形卡。

（5）可使用连接到主机上物理 USB 设备的 USB 设备迁移虚拟机。必须使设备能够支持 vMotion。

（6）如果虚拟机使用目标主机上无法访问的设备所支持的虚拟设备，则不能使用"通过 vMotion 迁移"功能来迁移该虚拟机。例如，不能使用由源主机上物理 CD 驱动器支持的 CD 驱动器迁移虚拟机。在迁移虚拟机之前，要断开这些设备的连接。

（7）如果虚拟机使用客户端计算机上设备所支持的虚拟设备，则不能使用"通过 vMotion 迁移"功能迁移该虚拟机。在迁移虚拟机之前，要断开这些设备的连接。

（8）如果目标主机还具有 Flash Read Cache，则可以迁移使用 Flash Read Cache 的虚拟机。迁移期间，可以选择是迁移虚拟机缓存还是丢弃虚拟机缓存（如缓存较大时）。

7.3.4　vMotion 的主机配置和存储器要求

1.vMotion 的主机配置

使用 vMotion 之前，必须正确配置主机：
（1）必须针对 vMotion 正确许可每台主机。
（2）每台主机必须满足 vMotion 的共享存储器需求。
（3）每台主机必须满足 vMotion 的网络要求。

2.vMotion 共享存储器要求

（1）将要进行 vMotion 操作的主机配置为使用共享存储器，以确保源主机和目标主机均能访问虚拟机。

（2）在通过 vMotion 迁移期间，所迁移的虚拟机必须位于源主机和目标主机均可访问的存储器上。确保要进行 vMotion 操作的主机都配置为使用共享存储器。共享存储可以位于光纤通道存储区域网络（SAN）上，也可以使用 iSCSI 和 NAS 实现。

7.3.5　增强型 vMotion 兼容性

（1）可以使用增强型 vMotion 兼容性（enhanced vMotion compatibility，EVC）功能帮助确保群集内主机的 vMotion 兼容性。EVC 可以确保群集内的所有主机向虚拟机提供相同的 CPU 功能集，即使这些主机上的实际 CPU 不同也是如此。使用 EVC 可避免因 CPU 不兼容而导致通过 vMotion 迁移失败。

（2）在"群集设置"对话框中配置 EVC。配置 EVC 时，请将群集中的所有主机处理器配置为提供基准处理器的功能集。这种基准功能集称为 EVC 模式。EVC 利用 AMD-V ExtendedMigration 技术（适用于 AMD 主机）和 Intel FlexMigration 技术（适用于 Intel 主机）屏蔽处理器功能，以便主机可提供早期版本的处理器的功能集。EVC 模式必须等同于群集中具有最小功能集的主机的功能集，或为主机功能集的子集。

（3）EVC 只会屏蔽影响 vMotion 兼容性的处理器功能。启用 EVC 不会妨碍虚拟机利用更快处理器速度、更多 CPU 内核或在较新的主机上可能可用的硬件虚拟化支持。

（4）EVC 无法在任何情况下都阻止虚拟机访问隐藏的 CPU 功能。未遵循 CPU 供应商推荐的功能检测方法的应用程序可能在 EVC 环境中会行为异常。此类行为异常的应用程序未遵照 CPU 供应商建议，无法支持 VMware EVC。

vMotion 在无共享存储的情况下的要求和限制：

虚拟机及其主机必须满足资源和配置要求，才能在无共享存储的情况下通过 vMotion 迁移虚拟机文件和磁盘。

无共享存储的环境中的 vMotion 具有以下要求和限制：

（1）主机必须获得 vMotion 的许可。

（2）主机必须运行 ESXi 5.1 或更高版本。

（3）主机必须满足 vMotion 的网络连接要求。

（4）必须针对 vMotion 对虚拟机进行正确配置。

（5）虚拟机磁盘必须处于持久模式或者必须是裸设备映射（RDM）。

（6）目标主机必须能够访问目标存储。

（7）移动带有 RDM 的虚拟机但未将这些 RDM 转换成 VMDK 时，目标主机必须能够访问 RDM LUN。

（8）在无共享存储的情况下执行 vMotion 迁移时，应考虑同时迁移的限制。这种类型的 vMotion 要同时遵循 vMotion 和 Storage vMotion 的限制，因此同时占用网络资源和 16 个数据存储资源。

迁移类型比较见表 7-1。

表 7-1 迁移类型比较一览表

迁移类型	虚拟机电源状态	更改主机或数据存储	跨虚拟数据中心	是否要求共享存储	CPU 兼容性
冷迁移	关闭	主机或数据存储或二者	是	否	允许使用不同的 CPU 系列
挂起	挂起	主机或数据存储或二者	是	否	必须满足 CPU 兼容性要求
vMotion	开启	主机	否	是	必须满足 CPU 兼容性要求
Storage vMotion	开启	数据存储	否	否	不适用
Enhanced vMotion	开启	二者	否	否	必须满足 CPU 兼容性要求

7.4 项目实施

任务 7-1 迁移数据存储

1. 任务描述

使用迁移数据存储的形式，将 ESXi 主机 192.168.182.141 上的 Redhat 虚拟机迁移到 ESXi 主机 192.168.182.143。

迁移数据存储

> 注:
> 实施 vMotion 迁移操作要在 Vcenter Server 中进行。

2. 任务实施

(1) 启用 vMotion 功能。在 ESXi 主机 192.168.182.141 中选择"配置"→"网络"→"VMkernel 适配器"选项,选择"Management Netowork"→"编辑"命令。启用 vMotion 功能,对 ESXi 主机 192.168.182.143 做同样的配置,如图 7-1 和图 7-2 所示。

图 7-1 编辑 VMkernel 适配器

图 7-2 开启 vMotion 功能

(2) 按照任务 5-3 中的步骤,为两台 ESXi 主机添加共享存储 esxi,如图 7-3 所示。

图 7-3 添加共享存储"esxi"

(3) 右击"Redhat",选择"迁移"命令,选中"仅更改存储"单选按钮,将 Redhat 虚拟机的存储迁移至共享存储"esxi"。配置步骤如图 7-4 至图 7-6 所示。

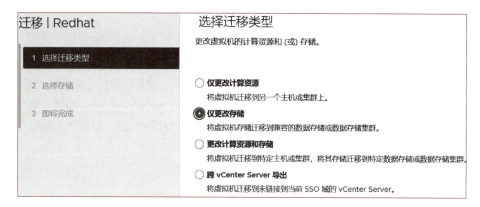

图 7-4　选择"仅更改存储"单选按钮

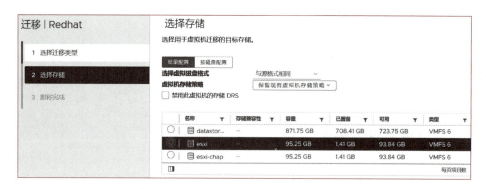

图 7-5　选择存储

图 7-6　迁移任务进度

任务 7-2　迁移主机（仅更改计算资源）

1. 任务描述

将 ESXi 主机 192.168.182.141 上运行状态中的"Redhat"虚拟机迁移到 ESXi 主机 192.168.182.143。

> **注：**
> vMotion 迁移要在 Vcenter Server 中进行。使用迁移主机形式迁移虚拟机，虚拟机文件必须存储在共享存储中。

迁移主机（仅更改计算资源）

2. 任务实施

（1）启用 vMotion 功能。任务 1 中已启用，此步省略。

（2）虚拟机文件必须存储在共享存储中，否则，在迁移时会出现兼容性问题，如图 7-7 所示。若已经是在共享存储中，则无须迁移数据存储。否则，必须先将数据迁移到共享存储中。任务 1 已迁移数据存储，此步省略。

图 7-7　兼容性问题

（3）右击"Redhat"，选择"迁移"命令，配置步骤如图 7-8 至图 7-11 所示。

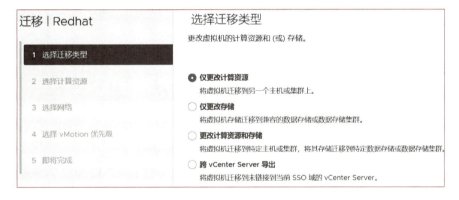

图 7-8　选择"仅更改计算资源"单选按钮

图 7-9　选择计算资源

学习笔记

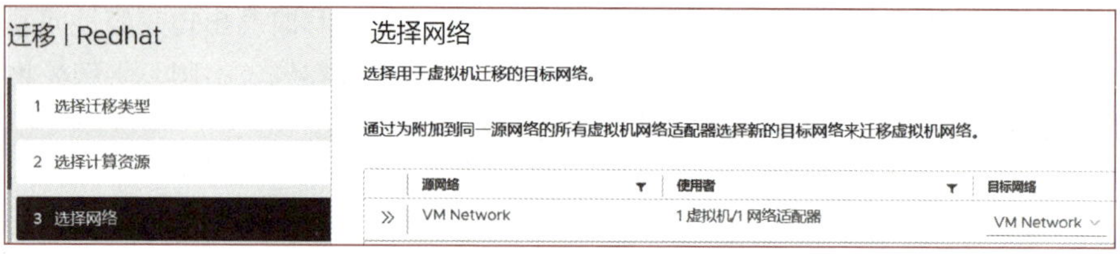

图 7-10　选择网络

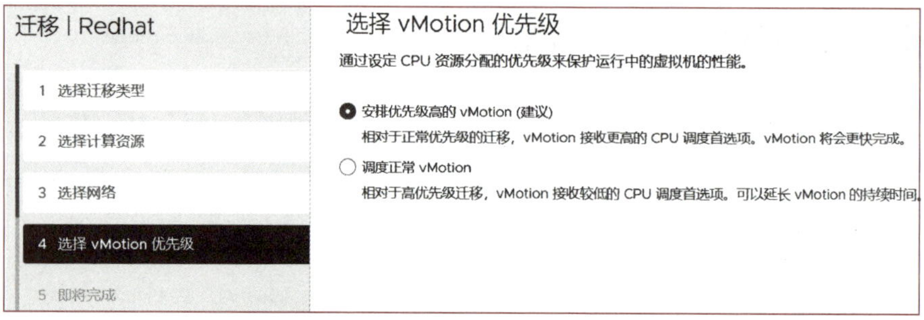

图 7-11　选择 vMotion 优先级

任务 7-3　迁移主机和数据存储（更改计算资源和存储）

迁移主机和数据存储

1. 任务描述

将 ESXi 主机 192.168.182.141 上运行状态中的“Redhat”虚拟机迁移到 ESXi 主机 192.168.182.143。

注：

实施 vMotion 迁移操作要在 vCenter Server 中进行。

2. 任务实施：

（1）启用 vMotion 功能。任务 1 中已启用，此步省略。

（2）右击“Redhat”，选择“迁移”命令，配置步骤如图 7-12 至图 7-16 所示。

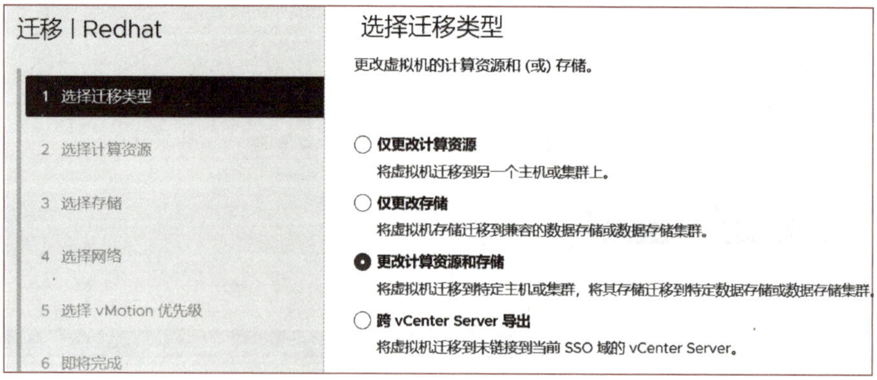

图 7-12　选择“更改计算资源和存储”单选按钮

图 7-13　选择计算资源

图 7-14　选择存储

图 7-15　选择网络

图 7-16　选择 vMotion 优先级

小 结

本项目首先介绍虚拟机的迁移类型、vSphere vMotion 对网络的要求，接着介绍了进行 vMotion 操作时的虚拟机要满足的条件和存储器要求，最后介绍了增强型 vMotion 兼容性。根据实际工作任务场景，实施完成了迁移数据存储、迁移主机（仅更改计算资源）、迁移主机和数据存储（更改计算资源和存储）等 3 个典型的工作任务，并强调了在任务实施过程中要注意的问题。

练 习

一、选择题

1. 在 VMware ESXi 中，将虚拟机迁移到其他主机的最佳方法是（　　）。
   A. 使用 vMotion
   B. 使用 Storage vMotion
   C. 手动复制虚拟机文件并重新注册
   D. 导出虚拟机为 OVF 格式，并在目标主机上导入

2. 当要迁移虚拟机时，下列（　　）可以确保虚拟机的连续性和零宕机时间。
   A. 使用 vMotion
   B. 使用 Cold Migration
   C. 关闭虚拟机并手动复制文件
   D. 暂停虚拟机并手动复制文件

3. 如果目标主机与源主机的存储无法直接访问，则可以使用（　　）迁移虚拟机。
   A. 使用 vMotion
   B. 使用 Storage vMotion
   C. 使用 Cold Migration
   D. 手动复制虚拟机文件并重新注册

4. 使用 Storage vMotion 迁移虚拟机可以提供（　　）。
   A. 迁移虚拟机的计算资源
   B. 迁移虚拟机的存储资源
   C. 同时迁移虚拟机的计算资源和存储资源
   D. 无法迁移虚拟机的计算资源和存储资源

5. 在进行虚拟机迁移之前，应该确保的条件是（　　）。
   A. 源主机和目标主机具有相同的硬件配置
   B. 源主机和目标主机运行相同版本的 VMware ESXi

C. 源主机和目标主机都连接到相同的网络

D. 源主机和目标主机上都已安装了相同的操作系统

6. 在进行虚拟机迁移时，可以通过（　　）避免单点故障。

 A. 使用 vMotion 和 Storage vMotion

 B. 将虚拟机复制到多个目标主机

 C. 在源主机和目标主机之间建立冗余网络连接

 D. 在源主机和目标主机之间建立冗余存储连接

7. 删除在 VMware ESXi 上无法访问的 iSCSI 存储的方法是（　　）。

 A. 在 vSphere Client 中选择存储并删除相关存储

 B. 在命令行界面中使用 esxcli 命令删除存储

 C. 从物理存储中断开 iSCSI 连接

 D. 重新启动 ESXi 主机以清除无法访问的存储

8. 在 VMware ESXi 中，将虚拟机迁移到其他存储时，下列（　　）可以提供连续性和零宕机时间。

 A. 使用 vMotion   B. 使用 Storage vMotion

 C. 使用 Cold Migration   D. 关闭虚拟机并手动复制文件

9. 如果在迁移虚拟机期间发生网络故障，下列（　　）可以恢复迁移过程。

 A. 重新启动源主机   B. 重新启动目标主机

 C. 重新启动虚拟机   D. 使用 vMotion 恢复迁移

10. 在 VMware ESXi 中，使用 vMotion 迁移虚拟机时，（　　）。

 A. 目标主机上已配置 VMkernel 网络适配器

 B. 目标主机和源主机具有相同的硬件配置

 C. 目标主机和源主机连接到相同的网络

 D. 目标主机上已安装了相同版本的 VMware ESXi

二、简答题

1. 简述冷迁移和热迁移的区别。

2. 迁移类型"仅更改存储"指的是什么？

3. 迁移类型"仅更改计算资源"指的是什么？

4. 迁移类型"更改计算资源和存储"指的是什么？

拓展阅读

刘伯鸣：大国工匠、匠心筑梦

刘伯鸣，中国一重集团首席技能大师。刘伯鸣以一重人攻克重大技术难题、自主研发核动力部件、打破国际商业垄断和贸易壁垒为主要线索，讴歌了新时代产业工人为打造"大国重器"而展现出的团结一致、敢打敢拼、奋勇争先的顽强精神。他把全部精力奉献给祖国的锻造事业，为挺起民族工业的脊梁贡献一名共产党员的力量。诠释了大国工匠深厚的家国情怀和舍我其谁的担当意识，具有强烈的感染力、号召力和引领力。

三百六十行，行行出状元。一切劳动者，只要肯学肯干肯钻研，练就一身真本领，掌握一手好技术，就能立足岗位成长成才，就都能在劳动中发现广阔的天地，在劳动中体现价值、展现风采、感受快乐。

项目 8 管理 ESXi 主机资源

8.1 项目导入

学校信息中心为了充分利用现有的硬件资源,将实施一个虚拟化项目,将原有的两台服务器进行虚拟化。通过对 ESXi 主机资源进行配置,使得主机中的虚拟机可以更好地获得资源,在最优的资源状态下运行。

资源控制

8.2 职业能力目标和要求

- 掌握资源管理的目标;
- 能熟练创建各类资源池;
- 熟悉资源分配和资源争用的原理;
- 理解资源管理的目的。

资源控制示例

8.3 相关知识

8.3.1 资源池

资源池可用于按层次结构对对立主机或集群的可用 CPU 和内存资源进行划分。通过创建资源池可以控制虚拟机的总体资源分配。

8.3.2 资源的基础知识

1. 资源类型

资源包括 CPU、内存、电源、存储器和网络资源。

2. 资源提供方

主机和集群(包括数据存储集群)是物理资源的提供方。

139

对于主机，可用的资源是主机的硬件规格减去虚拟化软件所用的资源。

集群是一组主机。可以使用 vSphere Web Client 创建集群，并将多个主机添加到集群。vCenter Server 一起管理这些主机的资源：集群拥有所有主机的全部 CPU 和内存。可以针对联合负载平衡或故障切换来启用集群。

数据存储集群是一组数据存储。和 DRS 集群一样，可以使用 vSphere Web Client 创建数据存储集群，并将多个数据存储添加到集群。vCenter Server 一起管理数据存储资源。可以启用 Storage DRS 来平衡 I/O 负载和空间使用情况。

3. 资源用户

虚拟机是资源用户。创建期间分配的默认资源设置适用于大多数计算机。可以在以后编辑虚拟机设置，以便基于份额分配占资源提供方的总 CPU、内存以及存储 I/O 的百分比，或者分配所保证的 CPU 和内存预留量。启动虚拟机时，服务器检查是否有足够的未预留资源可用，并仅在有足够的资源时才允许启动虚拟机。此过程称为接入控制。

资源池是灵活管理资源的逻辑抽象。资源池可以分组为层次结构，用于对可用的 CPU 和内存资源按层次结构进行分区。相应地，资源池既可以被视为资源提供方，也可以被视为资源用户。它们向子资源池和虚拟机提供资源，但是，由于它们也消耗其父资源池和虚拟机的资源，因此它们同时也是资源用户。

ESXi 主机根据以下因素为每个虚拟机分配一部分基础硬件资源：

（1）由用户定义的资源限制。

（2）ESXi 主机（或集群）的可用资源总量。

（3）启动的虚拟机数目和这些虚拟机的资源使用情况。

（4）管理虚拟化所需的开销。

4. 资源管理的目标

管理资源时应清楚自己的目标。除了解决资源过载问题，资源管理还可以帮助实现以下目标：

（1）性能隔离：防止虚拟机独占资源并保证服务率的可预测性。

（2）高效使用：利用未过载的资源并在性能正常降低的情况下过载。

（3）易于管理：控制虚拟机的相对重要性，提供灵活的动态分区并且符合绝对服务级别协议。

5. 资源分配份额

份额指定虚拟机（或资源池）的相对重要性。如果某个虚拟机的资源份额是另一个虚拟机的两倍，则在这两个虚拟机争用资源时，第一个虚拟机有权消耗两倍于第二个虚拟机的资源。

份额通常指定为高、正常或低，这些值将分别按 4∶2∶1 的比例指定份额值。还可以选择自定义为各虚拟机分配特定的份额值（表示比例权重）。

指定份额仅对同级虚拟机或资源池（即在资源池层次结构中具有相同父级的虚

拟机或资源池）有意义。同级将根据其相对份额值共享资源，该份额值受预留和限制的约束。为虚拟机分配份额时，始终会相对于其他已打开电源的虚拟机为该虚拟机指定优先级。

表 8-1 显示了虚拟机的默认 CPU 和内存份额值。对于资源池，默认 CPU 份额值和内存份额值是相同的，但是必须将二者相乘，就好像是资源池是具有四个虚拟 CPU 和 16 GB 内存的虚拟机一样。

表 8-1 虚拟机的默认 CPU 和内存份额值

设 置	CPU 份额值	内存份额值
高	每个虚拟 CPU 具有 2 000 个份额	所配置的虚拟机内存的每兆字节具有 20 个份额
正常	每个虚拟 CPU 具有 1 000 个份额	所配置的虚拟机内存的每兆字节具有 10 个份额
低	每个虚拟 CPU 具有 500 个份额	所配置的虚拟机内存的每兆字节具有 5 个份额

例如，一台具有两个虚拟 CPU 和 1 GB 内存且 CPU 和内存份额设置为正常的虚拟机具有 2×1 000=2 000 个 CPU 份额和 10×1 024=10 240 个内存份额。

6. 资源分配预留

预留指定保证为虚拟机分配的最少资源量。

仅在有足够的未预留资源满足虚拟机的预留时，vCenter Server 或 ESXi 才允许打开虚拟机电源。即使物理服务器负载较重，服务器也会确保该资源量。预留用具体单位（吉赫兹（GHz）或兆字节（MB））表示。

例如，假定有 2 GHz 可用，并且为 VM1 和 VM2 各指定了 1 GHz 的预留量。现在每个虚拟机都能保证在需要时获得 1 GHz。但是，如果 VM1 只用了 500MHz，则 VM2 可使用 1.5 GHz。预留默认值为 0。可以指定预留以保证虚拟机始终可使用最少的必要 CPU 或内存量。

7. 资源分配限制

限制功能为可以分配到虚拟机的 CPU、内存或存储 I/O 资源指定上限。

服务器分配给虚拟机的资源可大于预留，但决不可大于限制，即使系统上有未使用的资源也是如此。限制用具体单位（吉赫兹（GHz）或兆字节（MB）或每秒 I/O 操作数）表示。

CPU、内存和存储 I/O 资源限制默认为无限制。如果内存无限制，则在创建虚拟机时为该虚拟机配置的内存量将成为其有效限制因素。

多数情况下无须指定限制。指定限制的优缺点如下：

优点：如果开始时虚拟机的数量较少，并且想对用户期望数量的虚拟机进行管理，则分配一个限制将非常有效。但随着用户添加的虚拟机数量增加，性能将会降低。因此，可以通过指定限制来模拟减少可用资源。

缺点：如果指定限制，可能会浪费闲置资源。系统不允许虚拟机使用的资源超过限制，即使系统未充分利用并且有闲置资源可用时也是如此。仅在有充分理由的情况下指定限制。

8. 虚拟机内存

每个虚拟机均会根据其配置大小消耗内存，还会消耗额外开销内存以用于虚拟化。

配置大小是提供给客户机操作系统的内存量。这与分配给虚拟机的物理内存量不同。后者取决于主机上的资源设置（份额、预留和限制）和内存压力级别。

例如，考虑配置大小为 1 GB 的虚拟机。当客户机操作系统引导时，系统会检测到它正运行在具有 1 GB 物理内存的专用计算机上。有些情况下，可能向虚拟机分配全部内容（即 1 GB）。在其他情况下，可能会得到较小的分配量。无论实际分配如何，客户机操作系统都会继续运行，就好像正运行在具有 1 GB 物理内存的专用计算机上一样。虚拟机内存类型与描述见表 8-2。

表 8-2 虚拟机内存类型与描述

类　型	描　　述
份额	如果可用量超过预留，则会为虚拟机指定相对优先级
预留	主机保证为虚拟机预留的物理内存量下限，即使内存过载也是如此。将预留设置为确保虚拟机高效运行的足够内存水平，这样就不会有过多的内存分页。 在虚拟机消耗其预留的全部内存后，会允许其保留该内存量，并且不会将该内存回收，即使该虚拟机闲置也是如此。某些客户机操作系统（如 Linux）在引导之后可能不会立即访问所配置的全部内存。在虚拟机消耗其预留的全部内存之前，VMkernel 可以将其预留的任何未使用部分分配给其他虚拟机。但是，在客户机的工作负载增加并且虚拟机消耗其全部预留之后，允许其保留此内存
限制	主机可分配给虚拟机的物理内存量的上限。虚拟机的内存分配还受其配置大小的隐式限制

8.3.3 管理资源池

资源池是灵活管理资源的逻辑抽象。资源池可以分组为层次结构，用于对可用的 CPU 和内存资源按层次结构进行分区。

每个独立主机和每个 DRS 集群都具有一个（不可见的）根资源池，此资源池对该主机或集群的资源进行分组。根资源池之所以不显示，是因为主机（或集群）与根资源池的资源总是相同的。

用户可以创建根资源池的子资源池，也可以创建用户创建的任何子资源池的子资源池。每个子资源池都拥有部分父级资源，然而子资源池也可以具有各自的子资源池层次结构，每个层次结构代表更小部分的计算容量。

一个资源池可包含多个子资源池和虚拟机。可以创建共享资源的层次结构。处于较高级别的资源池称为父资源池。处于同一级别的资源池和虚拟机称为同级。集群本身表示根资源池。如果不创建子资源池，则只存在根资源池。

例如，资源池 "办公" 是资源池 "四楼" 的父资源池。资源池 "办公" 与资源池 "实训" 是同级。资源池 "四楼" 是资源池 "办公" 的子资源，如图 8-1 所示。

图 8-1 资源池示例

8.3.4 使用资源池的好处

通过资源池可以委派对主机（或集群）资源的控制权，在使用资源池划分集群内的所有资源时，其优势非常明显。可以创建多个资源池作为主机或集群的直接子级，并对它们进行配置。然后便可向其他个人或组织委派对资源池的控制权。

使用资源池具有下列优点：

（1）灵活的层次结构组织：根据需要添加、移除或重组资源池，或者更改资源分配。

（2）资源池之间相互隔离，资源池内部相互共享，顶级管理员可向部门级管理员提供一个资源池。某部门资源池内部的资源分配变化不会对其他不相关的资源池造成不公平的影响。

（3）访问控制和委派：顶级管理员使资源池可供部门级管理员使用后，该管理员可以在当前的份额、预留和限制设置向该资源池授予的资源范围内进行所有的虚拟机创建和管理操作。委派通常结合权限设置一起执行。

（4）资源与硬件的分离：如果使用的是已启用 DRS 的集群，则所有主机的资源始终会分配给集群。这意味着管理员可以独立于提供资源的实际主机进行资源管理。如果将三台 2 GB 主机替换为两台 3 GB 主机，无须对资源分配进行更改。

这一分离可使管理员更多地考虑聚合计算能力而非各个主机。

（5）管理运行多层服务的各组虚拟机：为资源池中的多层服务进行虚拟机分组。无须对每个虚拟机进行资源设置，相反，通过更改所属资源池上的设置，可以控制对虚拟机集合的聚合资源分配。

例如，假定一台主机拥有多个虚拟机。市场部使用其中的三个虚拟机，营销部使用两个虚拟机。由于营销部需要更多的 CPU 和内存，管理员为每组创建了一个资源池。管理员将营销部资源池和市场部资源池的 CPU 份额分别设置为高和正常，以便营销部的用户可以运行自动测试。CPU 和内存资源较少的第二个资源池足以满足市场部工作人员的较低负载要求。只要营销部未完全利用所分配到的资源，市场部就可以使用这些可用资源，如图 8-2 所示。

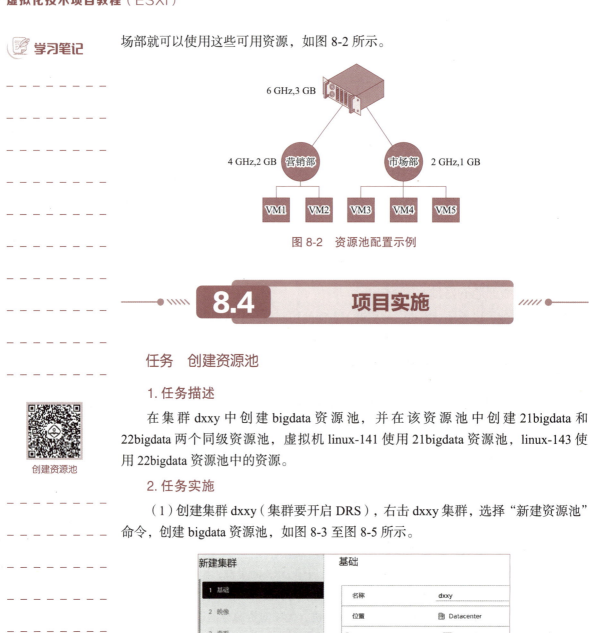

图 8-2　资源池配置示例

8.4　项目实施

任务　创建资源池

1. 任务描述

在集群 dxxy 中创建 bigdata 资源池，并在该资源池中创建 21bigdata 和 22bigdata 两个同级资源池，虚拟机 linux-141 使用 21bigdata 资源池，linux-143 使用 22bigdata 资源池中的资源。

2. 任务实施

（1）创建集群 dxxy（集群要开启 DRS），右击 dxxy 集群，选择"新建资源池"命令，创建 bigdata 资源池，如图 8-3 至图 8-5 所示。

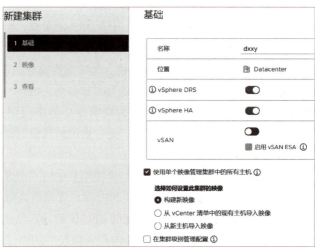

图 8-3　创建 dxxy 集群

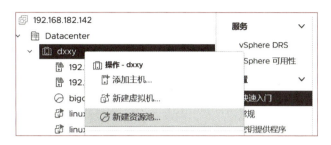

图 8-4 选择"新建资源池"命令

图 8-5 创建 bigdata 资源池

（2）创建 21bigdata 和 22bigdata 资源池，如图 8-6 和图 8-7 所示。

图 8-6 创建 21bigdata 资源池

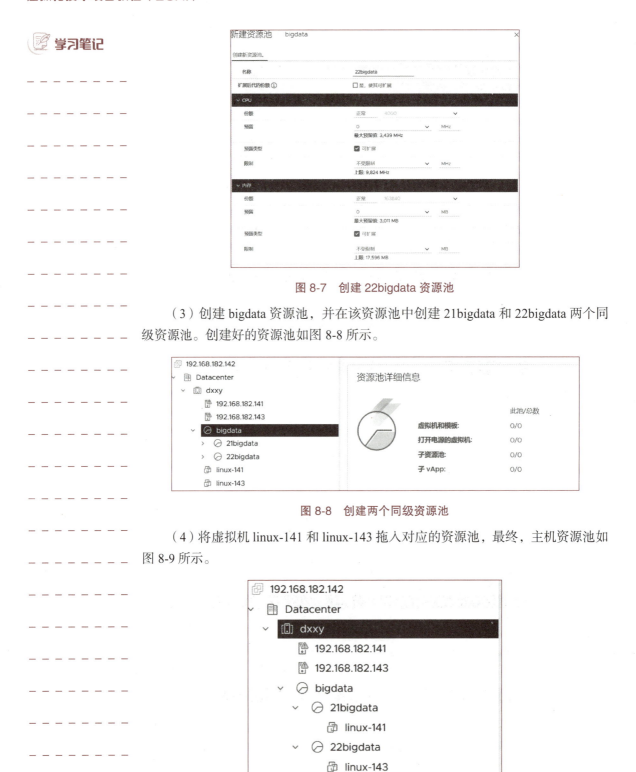

图 8-7 创建 22bigdata 资源池

（3）创建 bigdata 资源池，并在该资源池中创建 21bigdata 和 22bigdata 两个同级资源池。创建好的资源池如图 8-8 所示。

图 8-8 创建两个同级资源池

（4）将虚拟机 linux-141 和 linux-143 拖入对应的资源池，最终，主机资源池如图 8-9 所示。

图 8-9 主机资源池

小结

本项目介绍了资源的基础知识、管理资源池，使用资源池的好处。根据实际工作任务场景，实施完成了创建资源池的工作任务，并强调了在任务实施过程中要注意的问题。

练习

一、选择题

1. 管理员创建了一个名为 Marketing HTTP 的资源池，其内存限制为 24 GB，CPU 限制为 10 000 MHz。市场营销 HTTP 资源池包含三个虚拟机：

① Mktg SQL 具有 16 GB 的内存预留。
② Mktg 应用程序有 6 GB 的内存预留。
③ Mktg Web 具有 4 GB 内存预留。

如果三个虚拟机都启动，会发生什么？（　　）

　A. 三个虚拟机都可以启动，但会发生内存争用

　B. 三个虚拟机都可以启动，且不会发生内存争用

　C. 三个虚拟机中只有两个可以启动

　D. 只有一个虚拟机可以启动

2. （　　）可以为虚拟机提供资源的弹性分配，根据需要自动调整虚拟机的 CPU 和内存资源。

　A. vMotion

　B. Storage vMotion

　C. Distributed Resource Scheduler（DRS）

　D. High Availability（HA）

3. （　　）可以在 ESXi 主机上实现虚拟机的自动负载均衡。

　A. vMotion

　B. Storage vMotion

　C. Distributed Resource Scheduler（DRS）

　D. High Availability（HA）

4. 在创建资源池时，将 CPU 的份额设置为"正常"，该 CPU 的份额数是（　　）。

　A. 8 000　　　　B. 4 000　　　　C. 2 000　　　　D. 1 000

5. 在创建资源池时，将 CPU 的份额设置为"高"，该 CPU 的份额数是（　　）。

　A. 8 000　　　　B. 4 000　　　　C. 2 000　　　　D. 1 000

二、简答题

1. 简述使用资源池的优点。
2. 举例说明什么是同级资源池。
3. 什么是 DRS 集群?
4. 创建资源池时预留类型设为可拓展,有哪些作用?

拓展阅读

旦增顿珠:用工匠精神推动高原工业绿色发展

旦增顿珠,西藏高争建材股份有限公司副总经理。多年来,他用精益求精的工匠精神,探索高原工业节能降耗、提质增效的发展新路。每天一上班,旦增顿珠都会到公司的制成车间和员工一起检查设备,这个习惯,他坚持了十多年。在日复一日的巡查中,他总结出安全生产要"四勤"。

旦增顿珠:"我每天要去生产线上看看,这样心里觉得更踏实。对存在的人身安全隐患和设备安全隐患要及时进行整改,会降低我们的事故率。发现了问题,嘴要勤,迈出腿,跑得要到位。"

技术创新,旦增顿珠是带头人。2014 年,旦增顿珠担任制成车间主任时,细化车间内部管理制度。2015 年,制成车间创造了公司成立以来磨机单台系统运转率 100% 的历史纪录,为公司节约设备维修费 100 多万元。

旦增顿珠:"2000 年,我 18 岁,我们公司当时有很多工程师,我跟他们请教。我是一步一步跟着工程师和书籍学过来、干过来的。我作为一名党员,我觉得就要敢担当勇作为,业务上也要传帮带。"

自参加工作以来,旦增顿珠牵头完成了一项项技术创新。通过系统优化,公司 3 台老磨机系统的水泥产量全年平均台时从 2019 年的每小时 128 吨提高到 2020 年的每小时 143 吨。2020 年全年生产水泥 536.96 万吨,节约电费 700 多万元。旦增顿珠先后荣获"西藏自治区劳动模范""全国五一劳动奖章"。

项目 9　配置 vSphere HA 集群和容错（FT）

9.1　项目导入

学校信息中心为了充分利用现有的硬件资源，将实施一个虚拟化项目，将原有的两台服务器进行虚拟化。ESXi 主机中的虚拟机运行着 Web 等重要服务，为了让服务能够可靠地运行，工程师小李对 ESXi 主机进行 HA 集群和容错（FT）配置。

vSphere FT

9.2　职业能力目标和要求

- 掌握 HA 集群和容错（FT）的基本概念；
- 掌握 vSphere HA 的工作方式；
- 熟悉 vSphere HA 接入控制；
- 理解 Fault Tolerance 的工作方式；
- 能配置 vSphere HA 集群和容错（FT）。

vSphere HA

vSphere HA
应用场景

9.3　相关知识

9.3.1　创建和使用 vSphere HA 集群

vSphere HA 集群允许 ESXi 主机集合作为一个组协同工作，这些主机为虚拟机提供的可用性级别比 ESXi 主机单独提供的级别要高。当规划新 vSphere HA 集群的创建和使用时，选择的选项会影响集群对主机或虚拟机故障的响应方式。

在创建 vSphere HA 集群之前，应清楚 vSphere HA 标识主机故障和隔离以及响应这些情况的方式。还应了解接入控制的工作方式以便可以选择符合故障切换需要的策略。建立集群之后，不但可以通过高级选项自定义其行为，还可以通过执行建议的最佳做法优化其性能。

9.3.2 vSphere HA 的工作方式

vSphere HA 可以将虚拟机及其所驻留的主机集中在集群内，从而为虚拟机提供高可用性。集群中的主机均会受到监控，如果发生故障，故障主机上的虚拟机将在备用主机上重新启动。

创建 vSphere HA 集群时，会自动选择一台主机作为首选主机。首选主机可与 vCenter Server 进行通信，并监控所有受保护的虚拟机以及从属主机的状态。可能会发生不同类型的主机故障，首选主机必须检测并相应地处理故障。首选主机必须可以区分故障主机与处于网络分区中或已与网络隔离的主机。首选主机使用网络和数据存储检测信号来确定故障的类型。

9.3.3 首选主机和从属主机

在将主机添加到 vSphere HA 集群时，代理将上载到主机，并配置为与集群内的其他代理通信。集群中的每台主机作为首选主机或从属主机运行。

如果为集群启用了 vSphere HA，则所有活动主机（未处于待机或维护模式的主机或未断开连接的主机）都将参与选举以选择集群的首选主机。挂载最多数量的数据存储的主机在选举中具有优势。每个集群通常只存在一台首选主机，其他所有主机都是从属主机。如果首选主机出现故障、关机或处于待机模式或者从集群中移除，则会进行新的选举。

集群中的首选主机具有如下职责：

（1）监控从属主机的状况。如果从属主机发生故障或无法访问，首选主机将确定需要重新启动的虚拟机。

（2）监控所有受保护虚拟机的电源状况。如果有一台虚拟机出现故障，首选主机可确保重新启动该虚拟机。使用本地放置引擎，首选主机还可确定执行重新启动的位置。

（3）管理集群主机和受保护的虚拟机列表。

（4）充当集群的 vCenter Server 管理界面并报告集群健康状况。

从属主机主要通过本地运行虚拟机、监控其运行时状况和向首选主机报告状况更新对集群发挥作用。首选主机也可运行和监控虚拟机。从属主机和首选主机都可实现虚拟机和应用程序监控功能。

首选主机执行的功能之一是协调受保护虚拟机的重新启动。在 vCenter Server 观察到为响应用户操作，某虚拟机的电源状况由关闭电源变为打开电源之后，该虚拟机会受到首选主机的保护。首选主机会将受保护虚拟机的列表保留在集群的数据存储中。新选的首选主机使用此信息来确定要保护哪些虚拟机。

9.3.4 主机故障类型和检测

vSphere HA 集群的首选主机负责检测从属主机的故障。根据检测到的故障类型，在主机上运行的虚拟机可能需要进行故障切换。

在 vSphere HA 集群中，检测三种类型的主机故障：
（1）故障 - 主机停止运行。
（2）隔离 - 主机与网络隔离。
（3）分区 - 主机失去与首选主机的网络连接。

首选主机监控集群中从属主机的活跃度。此通信通过每秒交换一次网络检测信号完成。当首选主机停止从从属主机接收这些检测信号时，它会在声明该主机已出现故障之前检查主机活跃度。首选主机执行的活跃度检查是要确定从属主机是否在与数据存储交换检测信号。可参见数据存储检测信号。而且，首选主机还检查主机是否对发送至其管理 IP 地址的 ICMP ping 进行响应。

如果首选主机无法直接与从属主机上的代理进行通信，则该从属主机不会对 ICMP ping 进行响应，并且该代理不会发出被视为已出现故障的检测信号。会在备用主机上重新启动主机的虚拟机。如果此类从属主机与数据存储交换检测信号，则首选主机会假定它处于某个网络分区或隔离网络中，因此会继续监控该主机及其虚拟机。可参见网络分区。

当主机仍在运行但无法再监视来自管理网络上 vSphere HA 代理的流量时，会发生主机网络隔离。如果主机停止监视此流量，则它会尝试 ping 集群隔离地址。如果仍然失败，主机将声明自己已与网络隔离。

首选主机监控在独立主机上运行的虚拟机，如果发现虚拟机的电源已关闭，而且该首选主机负责这些虚拟机，则会重新启动这些虚拟机。

9.3.5　vSphere HA 接入控制

vSphere HA 使用准入控制确保在主机出现故障时预留足够的资源用于虚拟机恢复。

有如下三种类型的接入控制可用：
（1）主机：确保主机有足够资源来满足其上运行的所有虚拟机的预留。
（2）资源池：确保资源池有足够资源来满足与其关联的所有虚拟机的预留、份额和限制。
（3）vSphere HA：确保预留了足够的集群资源，以便在主机发生故障时恢复虚拟机。

接入控制对资源使用施加一些限制，违反这些限制的任何操作将不被允许。可能被禁止的操作示例包括：
（1）打开虚拟机电源。
（2）将虚拟机迁移到主机、集群或资源池中。
（3）增加虚拟机的 CPU 或内存预留。

对于这三种接入控制类型，只有 vSphere HA 接入控制可以被禁用。但是，如果禁用 VMware HA 接入控制，将无法保证有预期数量的虚拟机能够在故障之后重新启动。不要永久禁用接入控制，但可能由于以下原因，需要临时将其禁用：

(1)当没有足够资源来支持故障切换操作时,用户需要违反故障切换限制(例如,打算将主机置于待机模式以测试它们能否与 Distributed Power Management(DPM)一起使用)。

(2)如果自动过程需要执行一些操作,而这些操作可能会暂时违反故障切换限制(例如,在 vSphere Update Manager 执行的 ESXi 主机升级或修补过程中)。

(3)如果需要执行测试或维护操作。

接入控制可以留出容量,但当发生故障时,vSphere HA 会将使用任意可用于重新启动虚拟机的容量。例如,vSphere HA 在一台主机上放置的虚拟机数量要多于用户发起的打开电源所允许的接入控制。

集群包括两台主机,每台主机上可用的 CPU 和内存资源数各不相同。主机 1 的可用 CPU 资源和可用内存分别为 10GHz 和 8 GB,主机 2 为 10GHz 和 4GB。

集群内存在 4 个已打开电源的虚拟机,其 CPU 和内存要求各不相同。VM1 ~ VM4 所需的 CPU 资源和内存均为 2 GHz 和 1 GB,如图 9-1 所示。

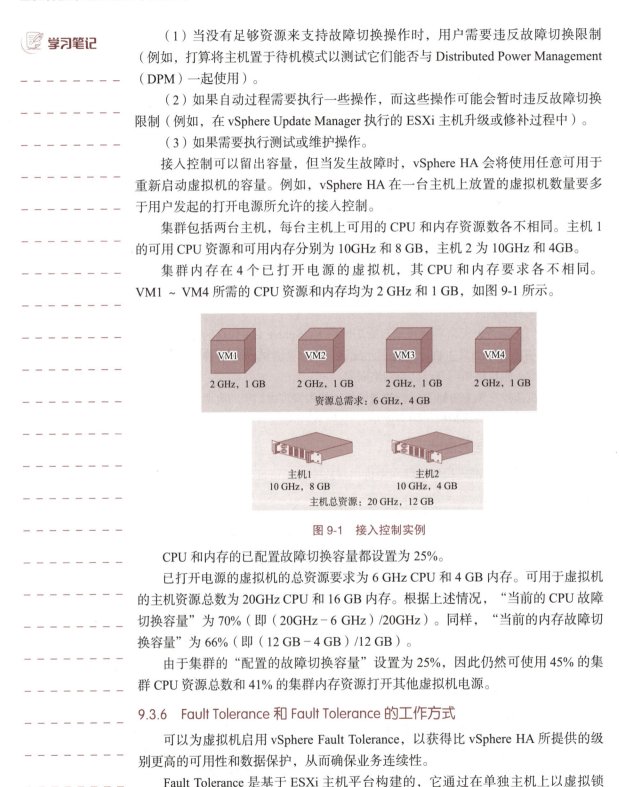

图 9-1　接入控制实例

CPU 和内存的已配置故障切换容量都设置为 25%。

已打开电源的虚拟机的总资源要求为 6 GHz CPU 和 4 GB 内存。可用于虚拟机的主机资源总数为 20GHz CPU 和 16 GB 内存。根据上述情况,"当前的 CPU 故障切换容量"为 70%(即(20GHz − 6 GHz)/20GHz)。同样,"当前的内存故障切换容量"为 66%(即(12 GB − 4 GB)/12 GB)。

由于集群的"配置的故障切换容量"设置为 25%,因此仍然可使用 45% 的集群 CPU 资源总数和 41% 的集群内存资源打开其他虚拟机电源。

9.3.6　Fault Tolerance 和 Fault Tolerance 的工作方式

可以为虚拟机启用 vSphere Fault Tolerance,以获得比 vSphere HA 所提供的级别更高的可用性和数据保护,从而确保业务连续性。

Fault Tolerance 是基于 ESXi 主机平台构建的,它通过在单独主机上以虚拟锁步方式运行相同的虚拟机来提供连续可用性。

项目 9 配置 vSphere HA 集群和容错（FT）

可以为大多数任务关键虚拟机使用 vSphere Fault Tolerance（FT）。FT 通过创建和维护与此类虚拟机相同且可在发生故障切换时随时替换此类虚拟机的其他虚拟机，来确保此类虚拟机的连续可用性。

受保护的虚拟机称为主虚拟机。重复虚拟机，即辅助虚拟机，在其他主机上创建和运行。由于辅助虚拟机与主虚拟机的执行方式相同，并且辅助虚拟机可以无中断地接管任何点处的执行，因此可以提供容错保护。

主虚拟机和辅助虚拟机会持续监控彼此的状态以确保维护 Fault Tolerance。如果运行主虚拟机的主机发生故障，系统将会执行透明故障切换，此时会立即启用辅助虚拟机以替换主虚拟机，启动新的辅助虚拟机，并自动重新建立 Fault Tolerance 冗余。如果运行辅助虚拟机的主机发生故障，则该主机也会立即被替换。在任一情况下，用户都不会遭遇服务中断和数据丢失的情况。

容错虚拟机及其辅助副本不允许在相同主机上运行，此限制可确保主机故障不会导致两个虚拟机都丢失。

9.4 项目实施

任务 9-1 配置 vSphere HA 集群

1. 任务描述

将 ESXi 主机 192.168.182.143 和 192.168.182.141 加入 dxxy 集群，同时，通过模拟硬件故障，掌握 vSphere HA 集群的运作流程。

2. 任务实施

（1）使用 vSphere Client 登录 vCenter Server，建立 Datacenter 数据中心，在该数据中心下新建 dxxy 集群，将两台 ESXi 主机添加进 dxxy 集群，开启 vSphere HA 和启用主机监控，如图 9-2 和图 9-3 所示。

配置vSphere HA集群

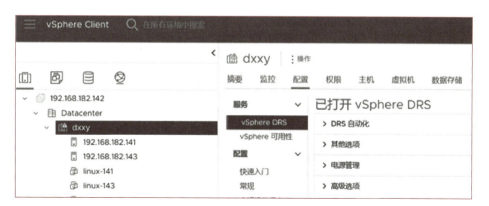

图 9-2 配置 vSphere HA 集群

图 9-3 开启 vSphere HA 和启用主机监控

（2）所有活动主机参与选举以选择集群的首选主机，在集群 dxxy 的 vSphere HA 摘要中，可以看到 192.168.182.143 被选举为首选主机，192.168.182.141 被选举为从属主机，如图 9-4 所示。

图 9-4 192.168.182.143 被选举为首选主机

（3）启动 192.168.182.143 上的 Redhat 虚拟机（该虚拟机的磁盘存储在两台 ESXi 主机均能访问的共享存储上）。启动完毕后，将 192.168.182.143 的第一张网卡断开连接，模拟硬件故障，如图 9-5 和图 9-6 所示。

（4）集群检测到主机 192.168.182.143 的硬件故障，虚拟机 Redhat 将在主机 192.168.182.141 上启动运行，如图 9-7 所示。

项目 9 配置 vSphere HA 集群和容错（FT）

图 9-5 启动 Redhat 虚拟机

图 9-6 断开 192.168.182.143 主机的第一张网卡

图 9-7 Redhat 将在主机 192.168.182.141 上启动运行

任务 9-2 配置容错（FT）

1. 任务描述

将 ESXi 主机 192.168.182.143 和 192.168.182.141 加入 dxxy 集群，启用 Fault Tolerance。掌握 vSphere 容错（FT）的运作流程。

配置容错（FT）

2. 任务实施

（1）确认两台 ESXi 主机均能访问 Redhat 虚拟机的数据存储。如果不能访问，将 Redhat 虚拟机迁移到共享的数据存储中（本任务的 Redhat 虚拟机存储在共享 esxi 中）。

（2）配置两台 EXSi 主机的网络配置，启用 "vMotion" "Fault Tolerance 日志记

录"两个选项，如图 9-8 和图 9-9 所示。

图 9-8　启用 Fault Tolerance 日志记录（192.168.182.141）

图 9-9　启用 Fault Tolerance 日志记录（192.168.182.143）

（3）打开 Redhat 虚拟机的 Fault Tolerance，如果提示存在容错兼容性问题，可将虚拟机的 USB 和 CD-ROM 删除，如图 9-10 和图 9-11 所示。

图 9-10　打开 Fault Tolerance

图 9-11　存在容错兼容性问题

（4）选择数据存储，不能和虚拟机所在的共享存储相同，否则，会在下一步选择主机时，给出兼容性警告（若因实际情况只能选择同一存储，不影响 Fault Tolerance 的运行）如图 9-12 和图 9-13 所示。

图 9-12　选择数据存储

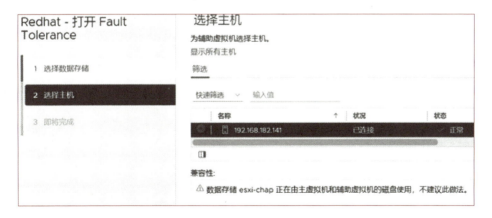

图 9-13　兼容性警告

（5）选择主机，Redhat 虚拟机所在的主机为 192.168.182.143，辅助虚拟机的主机只能选择 192.168.182.141，如图 9-14 所示。

（6）以上步骤设置完毕后，启动 Redhat 虚拟机，若因资源不足出现图 9-15

学习笔记

所示的打开电源故障，在集群 dxxy 的 “准入控制” 选项卡中，调低故障切换 CPU 和内存的容量。如图 9-16 所示。

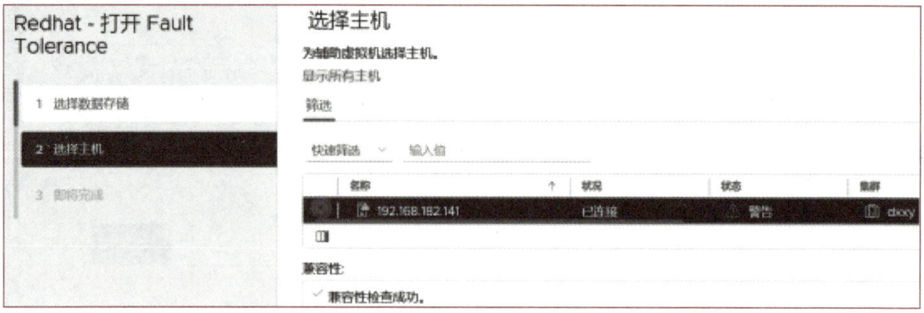

图 9-14　选择主机

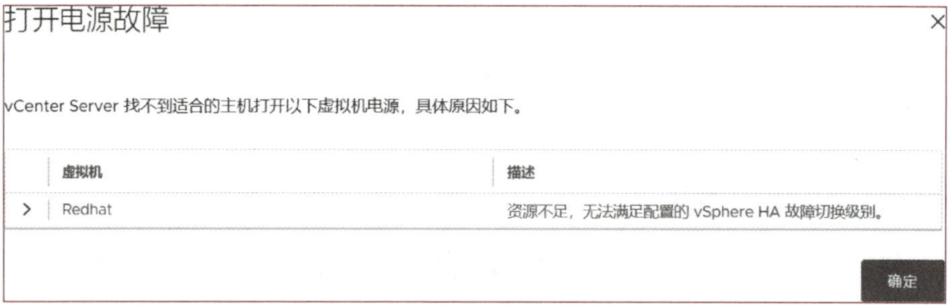

图 9-15　打开电源故障

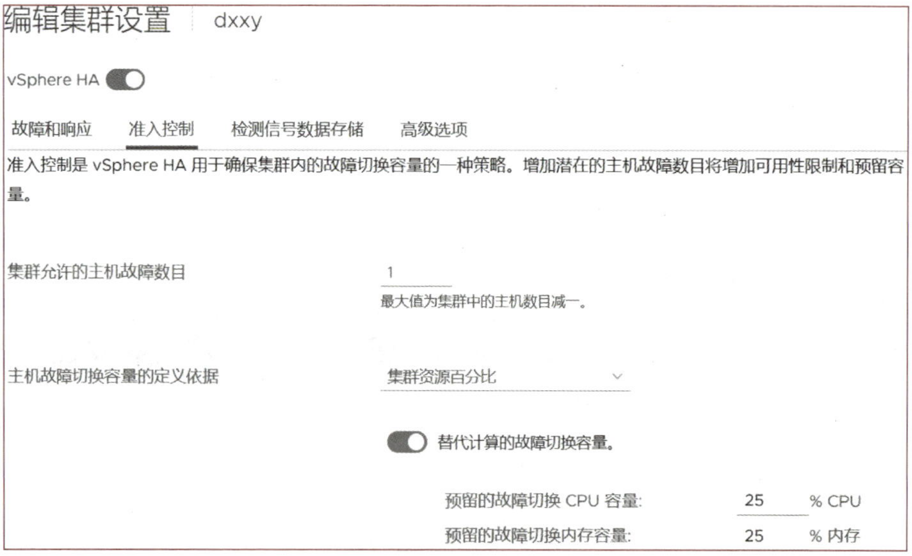

图 9-16　准入控制

（7）打开 Redhat 虚拟机电源，该虚拟机同时在两台 ESXi 主机中运行，一个为主虚拟机，另一个为辅助虚拟机，如图 9-17 所示。

项目 9 配置 vSphere HA 集群和容错（FT）

图 9-17 打开 Fault Tolerance 最终效果

小 结

本项目首先介绍了 vSphere HA 的工作方式、vSphere HA 集群中首选主机和从属主机的选举，接着介绍了主机故障类型和检测，最后介绍了 vSphere HA 接入控制。根据实际工作任务场景，实施了配置 vSphere HA 集群、配置容错（FT）等两个工作任务，每个工作任务有详细的操作步骤，同时，强调了在任务实施过程中要注意的问题。

练 习

一、选择题

1. 当启用了高可用性（HA）功能后，如果主机故障，将会发生（　　）。
   A. 所有虚拟机将自动迁移到其他可用主机
   B. 所有虚拟机将自动关机
   C. 所有虚拟机将暂停运行直到主机恢复
   D. 所有虚拟机将转移到热备份主机
2. 为了实现虚拟机容错（Fault Tolerance，FT），需要满足的条件是（　　）。
   A. 所有主机必须具有相同的硬件配置
   B. 所有主机必须连接到相同的网络
   C. 所有主机必须运行相同版本的 VMware ESXi
   D. 所有主机必须具有相同数量的 CPU 核心

3. 当启用了虚拟机容错（FT）功能后，以下说法正确的是（　　）。
   A. 仅有一个主机运行虚拟机，其他主机作为备份
   B. 所有主机同时运行相同的虚拟机
   C. 主机之间通过 FT 冗余网络进行通信
   D. 主机之间共享存储以实现容错

4. 在 VMware ESXi 中，为虚拟机配置自动重启的方法是（　　）。
   A. 在 vSphere Client 中选择虚拟机并配置自动重启
   B. 使用 esxcli 命令在命令行界面中配置自动重启
   C. 修改虚拟机的配置文件以启用自动重启
   D. 重新启动 ESXi 主机以应用自动重启设置

5. 如果要实现虚拟机容错（FT），下列必需的是（　　）。
   A. 目标主机上已启用 HA 功能
   B. 目标主机和源主机具有相同的硬件配置
   C. 目标主机和源主机连接到相同的网络
   D. 目标主机上已安装了相同版本的 VMware ESXi

6. 在 VMware ESXi 中，可以提供虚拟机级别容错的是（　　）。
   A. vMotion　　　　　　　　B. HA
   C. FT　　　　　　　　　　D. DRS

7. 当启用了虚拟机容错（FT）功能后，以下说法正确的是（　　）。
   A. 虚拟机的性能会受到显著影响
   B. 虚拟机的计算资源将被复制到多个主机上
   C. 虚拟机的存储资源将被复制到多个主机上
   D. 虚拟机的网络连接将变得更加稳定

8. 在 VMware ESXi 中，为虚拟机启用高可用性（HA）功能后，如果发生主机故障，以下说法正确的是（　　）。
   A. HA 会自动将虚拟机迁移到其他可用主机
   B. HA 会自动重新启动虚拟机
   C. HA 会将虚拟机复制到备份主机
   D. HA 会将虚拟机转移到热备份主机

9. 在 VMware ESXi 中，启用虚拟机容错（FT）功能后，以下说法正确的是（　　）。
   A. 虚拟机的计算资源将在多个主机上进行复制
   B. 虚拟机的存储资源将在多个主机上进行复制
   C. 虚拟机的网络连接将在多个主机之间进行切换
   D. 虚拟机的配置文件将在多个主机之间进行同步

二、简答题

1. 简述 vSphere HA 集群和容错（FT）的不同之处。

2. 举例说明接入控制的作用。
3. 简述 vSphere HA 的工作方式。
4. 简述 Fault Tolerance 的工作方式。

拓展阅读

柯晓宾：躬耕毫厘之间，守护中国高铁"神经元"

柯晓宾是有着19年继电器调试经验的"工匠"，任职于中国铁路通信信号集团，她调试的继电器，是中国高铁控制系统中的重要零部件。19年前，她走出校园来到公司上班，开始和这个零部件打起了交道，从事这个看起来有些枯燥的工作。

一手拿着继电器，一手握着扁嘴钳，工作起来一坐就是一天。柯晓宾拿起继电器对记者说："这继电器上一共8组接点，24个触片，我们工作中很多接点间距的误差需要控制在 0.05～0.1 mm；调整触片力度在 200 mN 左右。"柯晓宾打了一个比方，"扯断一根头发丝力度大约是 1 800 mN。"

干一行、爱一行，躬耕在"毫厘之间"，在柯晓宾看来，这项精细而又看似枯燥的工作十分重要。"可别小看了继电器，它可是中国高铁控制系统中的重要器件。"

回忆起刚接触继电器时，柯晓宾说没少吃苦。每天重复一样的动作，忍受着一次次检测被退回的打击。刚工作时，一次内部考试，得了倒数第二。"一台都没检测通过，手被钳子磨出了水泡，调着调着就哭了。"柯晓宾说，"那时心里也打过退堂鼓，但没有放弃，一路坚持走了过来。"

练就本领的路上，没有捷径，只有坐冷板凳、下苦功夫。

近几年来，她先后获得"全国技术能手""全国三八红旗手""全国劳动模范"等称号，当选党的二十大代表。

一枝独秀不是春，百花齐放春满园。柯晓宾深知工匠精神需要传承和培育，她也将练就的本领毫无保留地传授给年轻同事，带领大家共同成长。近年来，她先后带出50名徒弟，培养的青年职工中已经涌现出全国技术能手3人、中央企业技术能手7人。

"赶上中国高铁飞速发展的时代，能在自己的岗位上，为中国高铁尽一份力，我感到特别荣幸。我不光要把自己的本领练就得更加娴熟，还要传递给更多人，用汗水和努力建功新时代。"柯晓宾说。

项目 10

vSphere 权限管理

📝 学习笔记

10.1 项目导入

学校信息中心为了充分利用现有的服务器硬件资源,将实施一个虚拟化项目,将原有的两台服务器进行虚拟化。为了进行分级管理,对 ESXi 主机创建不同的用户和进行相应的角色分配。

10.2 职业能力目标和要求

vSphere权限管理

- 掌握 vSphere 的权限类型;
- 能熟练配置 vSphere 中的各种权限;
- 能使用 vSphere Replication 对虚拟机进行复制和恢复;
- 掌握 vSphere 权限结构;
- 掌握 vSphere 中常见任务所需特权。

10.3 相关知识

10.3.1 vSphere 中的授权

在 vSphere 中授权用户或组的主要方式是 vCenter Server 权限。根据要执行的任务,可能需要其他授权。vSphere 6.0 及更高版本允许有特权的用户以下列方式授予其他用户执行任务的权限。这些方法大多数互相排斥;但是,可以使用全局权限授予某些用户对所有解决方案的权限,以及使用本地 vCenter Server 权限授予其他用户对各个 vCenter Server 系统的权限。权限类型及内容见表 10-1。

表 10-1　权限类型与相应的权限内容

权限类型	权限内容
vCenter Server 权限	vCenter Server 系统的权限模型需要向该 vCenter Server 对象层次结构中的对象分配权限。每种权限都会向一个用户或组授予一组特权，即选定对象的角色。例如，用户可以选择一台 ESXi 主机并向一组用户分配角色，以授予这些用户对该主机的相应特权
全局权限	全局权限应用到跨多个解决方案的全局根对象。例如，如果已安装 vCenter Server 和 vCenter Orchestrator，则可以使用全局权限向这两个对象层次结构中的所有对象授予权限。系统会在整个 vsphere.local 域中复制全局权限。全局权限不会为通过 vsphere.local 组管理的服务提供授权
ESXi 本地主机权限	如果要管理不受 vCenter Server 系统管理的独立 ESXi 主机，则可以向用户分配其中一个预定义的角色

10.3.2　vCenter Server 权限模型

vCenter Server 系统的权限模型需要向 vSphere 对象层次结构中的对象分配权限。每种权限都会向一个用户或组授予一组特权，即选定对象的角色。

相关概念如下：

1. 权限

vCenter Server 对象层次结构中的每个对象都具有关联的权限。每个权限为一个组或用户指定该组或用户具有对象的哪些特权。

2. 用户和组

在 vCenter Server 系统中，可以仅向经过身份验证的用户或经过身份验证的用户组分配特权。用户通过 vCenter Single Sign-On 进行身份验证。必须在 vCenter Single Sign-On 正用于进行身份验证的标识源中定义用户和组。使用自己的标识源（如 Active Directory）中的工具定义用户和组。

3. 角色

角色允许基于用户执行的一系列典型任务分配对象的权限。默认角色（如管理员）已在 vCenter Server 中预定义，不能更改。其他角色（如资源池管理员）是预定义的样本角色。可以从头开始或者通过克隆和修改样本角色创建自定义角色。

4. 特权

特权是精细的访问控制。可以将这些特权分组到角色中，然后可以将其映射到用户或组。

5.vSphere 权限

vSphere 权限结构如图 10-1 所示。

向对象分配权限的步骤如下：

（1）在 vCenter 对象层次结构中选择要对其应用权限的对象。

（2）选择应对该对象具有特权的组或用户。

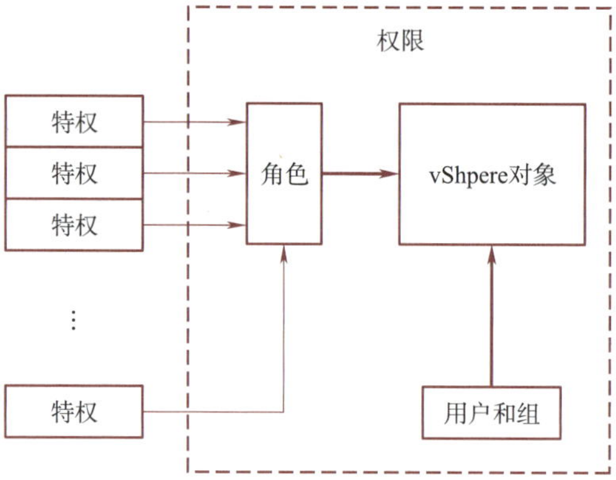

图 10-1 vSphere 权限结构

（3）选择组或用户针对该对象应具有的角色（即一组特权）。默认情况下，权限会传播，即组或用户对选定对象及其子对象具有选定角色。

权限是可以继承的，当向对象授予权限时，可以选择是否允许其沿对象层次结构向下传播。为每个权限设置传播。传播并非普遍适用。为子对象定义的权限将总是替代从父对象中传播的权限。

10.3.3 vCenter Server 系统角色

角色是一组预定义的特权。向对象添加权限时，须将用户或组与角色配对。vCenter Server 包括多种无法更改的系统角色。

vCenter Server 提供少量默认角色。不能更改与默认角色关联的特权。默认角色以层次结构方式进行组织；每个角色将继承前一个角色的特权。例如，管理员角色继承只读角色的特权。创建的角色不继承任何系统角色的特权。

1. 管理员角色

分配有管理员角色的对象用户可在对象上查看和执行所有操作。此角色也包括只读角色固有的所有特权。如果使用管理员角色对对象执行操作，可以将特权分配给各个用户和组。如果使用管理员角色在 vCenter Server 中进行操作，可以将特权分配给默认 vCenter Single Sign-On 标识源中的用户和组。支持的身份服务包括 Windows Active Directory 和 OpenLDAP 2.4。默认情况下，安装后，administrator@vsphere.local 用户将对 vCenter Single Sign-On 和 vCenter Server 具有管理员角色。该用户之后可以将其他用户与 vCenter Server 上的管理员角色相关联。

2. 无权访问角色

分配有无权访问角色的对象用户不能以任何方式查看或更改对象。默认情况下向新用户和组分配此角色。administrator@vsphere.local 用户、root 用户和 vpxuser 用户默认分配有管理员角色。其他用户默认分配有"无权访问"角色。

3. 只读角色

分配有只读角色的对象用户可查看对象的状况和详细信息。具有此角色的用户

项目 10　vSphere 权限管理

可查看虚拟机、主机和资源池属性。该用户不能查看主机的远程控制台。通过菜单和工具栏执行的所有操作均被禁止。

常见任务所需特权见表 10-2。

表 10-2　常见任务所需特权

任　务	所需特权	适用角色
创建虚拟机	在目标文件夹或数据中心上： 虚拟机.清单.新建 虚拟机.配置.添加新磁盘（如果要创建新虚拟磁盘） 虚拟机.配置.添加现有磁盘（如果使用现有虚拟磁盘） 虚拟机.配置.裸设备（如果使用 RDM 或 SCSI 直通设备）	管理员
	在目标主机、群集或资源池上： 资源.将虚拟机分配给资源池	资源池管理员或管理员
	在包含数据存储的目标数据存储或文件夹上： 数据存储.分配空间	数据存储用户或管理员
	在虚拟机将分配到的网络上： 网络.分配网络	网络用户或管理员
从模板部署虚拟机	在目标文件夹或数据中心上： 虚拟机.清单.从现有项创建 虚拟机.配置.添加新磁盘	管理员
	在模板或模板的文件夹上： 虚拟机.置备.部署模板	管理员
	在目标主机、群集或资源池上： 资源.将虚拟机分配给资源池	管理员
	在目标数据存储或数据存储的文件夹上： 数据存储.分配空间	数据存储用户或管理员
	在虚拟机将分配到的网络上： 网络.分配网络	网络用户或管理员
生成虚拟机快照	在虚拟机或虚拟机的文件夹上： 虚拟机.快照管理.创建快照	虚拟机超级用户或管理员
将虚拟机移动到资源池中	在虚拟机或虚拟机的文件夹上： 资源.将虚拟机分配给资源池 虚拟机.清单.移动	管理员
	在目标资源池上： 资源.将虚拟机分配给资源池	管理员

学习笔记

续表

任 务	所需特权	适用角色
在虚拟机上安装客户机操作系统	在虚拟机或虚拟机的文件夹上： 虚拟机.交互.回答问题 虚拟机.交互.控制台交互 虚拟机.交互.设备连接 虚拟机.交互.关闭电源 虚拟机.交互.打开电源 虚拟机.交互.重置 虚拟机.交互.配置 CD 媒体（如果从 CD 安装） 虚拟机.交互.配置软盘媒体（如果从软盘安装） 虚拟机.交互.VMware Tools 安装	虚拟机超级用户或管理员
	在包含安装媒体 ISO 映像的数据存储上： 数据存储.浏览数据存储（如果从数据存储上的 ISO 映像安装） 在向其上载安装介质 ISO 映像的数据存储上： 数据存储.浏览数据存储 数据存储.低级别文件操作	虚拟机超级用户或管理员
通过 vMotion 迁移虚拟机	在虚拟机或虚拟机的文件夹上： 资源.迁移已打开电源的虚拟机 资源.将虚拟机分配给资源池（如果目标资源池与源资源池不同）	资源池管理员或管理员
	在目标主机、群集或资源池上（如果与源主机、群集或资源池不同）： 资源.将虚拟机分配给资源池	资源池管理员或管理员
将主机移动到群集	在主机上： 主机.清单.将主机添加到群集	管理员
	在目标群集上： 主机.清单.将主机添加到群集	管理员

10.4 项目实施

任务 创建拥有"只读"权限的用户

创建拥有"只读"权限的用户

1. 任务描述

在 ESXi 主机的管理维护中，为了实施分级管理，经常采用不同的用户给予不同的权限。工程师小李为刚来实习的小张创建拥有"只读"权限的用户，该用户只能登录 ESXi 主机查看，而不能做任何的配置。

2. 任务实施

（1）使用 vSphere Client 登录 vCenter（192.168.182.142），单击"系统管理"→"用户和组"按钮，新建一个用户（密码需符合复杂度要求），如图 10-2 和图 10-3 所示。

图 10-2　单击"系统管理"按钮

图 10-3　添加用户

（2）系统管理默认的角色如图 10-4 所示，系统管理员亦可以新增自定义的角色。

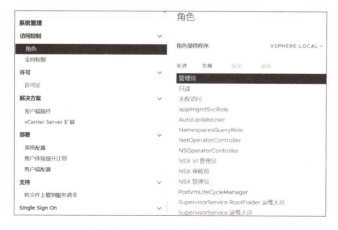

图 10-4　系统管理默认的角色

（3）在"主机和群集"视图下，选择"权限"选项卡，单击"添加"超链接，将新建的用户 hzy 添加进来，同时赋予只读的角色，如图 10-5 和图 10-6 所示。

图 10-5　添加权限

图 10-6　将用户 hzy 设置为"只读"角色

（4）设置完成后，用户 hzy 登录到 vCenter 中，只拥有"只读"权限，如图 10-7 所示，若需要赋予其他角色，重复上述步骤进行添加。

图 10-7　使用 hzy 用户登录 vCenter

项目 10　vSphere 权限管理

小　结

本项目首先介绍了 vSphere 中的授权、vCenter Server 权限模型，接着介绍了 vCenter Server 系统角色。根据实际工作任务场景，创建了拥有"只读"权限的用户。同时，强调了在任务实施过程中要注意的问题。

练　习

一、选择题

1. (　　) 角色在 vSphere 中具有对所有对象的完全访问权限。
   A. Admin　　　　　　　　B. Read-Only
   C. Virtual Machine User　　D. No Access

2. (　　) 角色在 vSphere 中具有查看和监视虚拟机、主机和数据存储的权限，但不能更改任何设置。
   A. Admin　　　　　　　　B. Read-Only
   C. Virtual Machine User　　D. No Access

3. (　　) 角色在 vSphere 中可以创建、编辑和删除虚拟机，并管理虚拟机的操作系统。
   A. Admin　　　　　　　　B. Read-Only
   C. Virtual Machine User　　D. No Access

4. (　　) 角色在 vSphere 中没有对任何对象的访问权限。
   A. Admin　　　　　　　　B. Read-Only
   C. Virtual Machine User　　D. No Access

5. (　　) 角色在 vSphere 中可以创建、编辑和删除资源池，并配置集群级别的设置。
   A. Administrator　　　　　B. Resource Pool Administrator
   C. Datastore Consumer　　 D. Network Administrator

6. (　　) 角色在 vSphere 中可以创建和管理存储并进行数据存储的分配。
   A. Administrator　　　　　B. Resource Pool Administrator
   C. Datastore Consumer　　 D. Network Administrator

7. (　　) 角色在 vSphere 中可以创建和管理网络，并配置主机和虚拟机的网络设置。
   A. Administrator　　　　　B. Resource Pool Administrator
   C. Datastore Consumer　　 D. Network Administrator

学习笔记

8. （　　）角色在 vSphere 中具有对所有对象的完全访问权限，但不能修改 vCenter Server 设置。

  A. Admin   B. Read-Only

  C. Virtual Machine User   D. No Access

9. （　　）角色在 vSphere 中具有对 vCenter Server 的完全访问权限，包括修改设置和管理用户权限。

  A. Admin   B. Read-Only

  C. Virtual Machine User   D. No Access

10. （　　）角色在 vSphere 中具有查看和监视所有对象的权限，但不能更改任何设置，并且无法访问某些特定敏感信息。

  A. Admin   B. Read-Only

  C. Virtual Machine User   D. No Access

11. 管理员希望为用户提供受限的访问权限。用户应该只能执行以下任务：

- 创建和合并虚拟机快照
- 添加/删除虚拟磁盘
- 快照管理

vCenter 服务器中的（　　）默认角色将满足管理员对用户的要求。

  A. Virtual machine user

  B. Virtual machine power user

  C. Virtual Datacenter administrator

  D. VMware Consolidated Backup user

二、简答题

1. 简述 vCenter Server 的权限模型。
2. 将虚拟机移动到资源池中需要有哪些特权？
3. 什么是全局权限？

拓展阅读

张桂梅：用信念托举贫困山区女孩圆梦大学

张桂梅创办了全国第一所全免费女子高中——云南丽江华坪女子高级中学，帮助 2 000 多名女孩圆梦大学。她坚持红色教育树人铸魂，为孩子们埋下信仰的种子，让孩子们远方有灯、脚下有路、眼前有光。

每天早上 5:30，张桂梅瘦弱的身影都会准时出现在云南丽江华坪女高的教学楼里，用贴满膏药的手提着喇叭一遍遍提醒学生，马上就要上课了。

张桂梅：我白天晚上都跟着，一是害怕安全问题，二是担心她们懈怠。

"让大山里的女孩都有书读"是张桂梅一直以来的心愿。办学之初，资金短缺、老师辞职、学生退学；张桂梅的身体也出现了问题，20多种疾病让她备受煎熬……在整理老师们的档案时，张桂梅无意间发现，留下来的8名老师中有6名是共产党员。

张桂梅：抗日战争年代每一个党员都会守好阵地。我就想着，我这有六个党员，其战斗力不至于这么低嘛！我们在二楼挂一个党旗，把誓词写在上面，我一句，大家一句，说完了以后，我们这几个人哭了。

一路走来，共产党员的信仰支撑着张桂梅从不轻言放弃。她叮嘱华坪女高的老师要在学生身上倾注更多的心血；她希望华坪女高的学生能再努力一些，到全国一流的学府去深造。

华坪女高的孩子们走出了大山，而张桂梅，依然留在华坪女高，铁了心，要做高山峡谷里的"灯盏"，照亮孩子们前行的路。

张桂梅：我是共产党员，只要我还有一口气，我就会为党育人，为国育才，会让大山里的孩子们飞出大山，做一个合格的社会主义接班人。

项目 11 综合实训——部署 Horizon8 云桌面

11.1 项目导入

学校信息中心为了充分利用现有的服务器硬件资源，将实施一个虚拟化项目，将原有的两台服务器进行虚拟化。学校希望给所有教师配备一个虚拟桌面用于办公和教学，方便教师的日常办公，工程师小李接到这个需求后，决定部署 Horizon8 云桌面。借助 VMware Horizon8，在学校数据中心内运行远程桌面和应用程序，并将这些桌面和应用程序交付给教师。最终用户可以获得熟悉的个性化环境，并可以在学校或家庭中的任何地方访问此桌面。并且，通过将桌面数据放在数据中心，管理员可以集中进行控制并提高效率和安全性。

11.2 职业能力目标和要求

- 掌握 Horizon8 的基本组件和作用；
- 能熟练部署 AD 域和 DHCP 服务；
- 能熟练部署连接服务器和事件数据库；
- 能熟练配置账户权限；
- 能熟练发布桌面池和连接云桌面。

11.3 相关知识

11.3.1 Horizon Connection Server

该软件服务在 Horizon8 环境中充当客户端连接的代理。Horizon Connection Server 通过 Windows Active Directory 对用户进行身份验证，并将请求定向到相应的虚拟机、物理 PC 或 Microsoft RDS 主机。

连接服务器提供了以下管理功能：
（1）用户身份验证
（2）授权用户访问特定的桌面和池
（3）管理远程桌面和应用程序会话
（4）在用户和远程桌面及应用程序之间建立安全连接
（5）支持单点登录
（6）设置和应用策略

在企业防火墙内部，需要安装并配置一个至少包含两个连接服务器实例的组。其配置数据存储在一个嵌入式 LDAP 目录内，并且在组内各成员之间复制。

11.3.2 Horizon Client

用于访问远程桌面和应用程序的客户端软件可以在平板计算机、智能手机、Windows、Linux 或 mac PC 或笔记本计算机、瘦客户端以及更多平台上运行。

登录后，用户可以在授权其使用的远程桌面和应用程序列表中选择。身份验证需要使用 Active Directory 凭据、UPN、智能卡 PIN 或者 RSA SecurID 或其他双因素身份验证令牌。

管理员可以将 Horizon Client 配置为允许最终用户选择显示协议。协议包括用于远程桌面的 PCoIP、Blast Extreme 和 Microsoft RDP。PCoIP 和 Blast Extreme 的速度和显示质量可与物理 PC 媲美。

11.3.3 Horizon Agent

Horizon Agent 可与 Horizon8 平台或 Horizon Cloud on Microsoft Azure 平台配合使用。每个平台都有自己的 Horizon Agent 版本。根据所使用的平台，Horizon Agent 功能可能会有所不同。

可以在所有用作远程桌面和应用程序源的虚拟机、物理系统和 Microsoft RDS 主机上安装 Horizon Agent 服务。在虚拟机上，此代理通过与 Horizon Client 进行通信来提供连接监控、集成打印和访问本地连接的 USB 设备等功能。

如果桌面源是一个虚拟机，首先应当在该虚拟机上安装 Horizon Agent 服务，然后再将其用作模板或即时克隆的最佳配置映像。从该虚拟机创建池时，该代理将自动安装到每个远程桌面上。

11.3.4 项目部署规划

部署 Horizon8 云桌面的服务器规划见表 11-1，桌面池的规划见表 11-2，组织单元规划见表 11-3，用户及用户组规划见表 11-4。

表 11-1 服务器规划

服务器名称	虚拟机名称	操作系统	IP	配置	用途
域控	AD-Server	Server 2019	192.168.182.6	4vCPU+8GB+100GB	主域

综合实训——
项目规划+系统模板创建

续表

服务器名称	虚拟机名称	操作系统	IP	配置	用途
数据库	SQL-Server	Server 2019	192.168.182.7	4vCPU+8 GB +256 GB	SQL Server
Connection	Connection-Server	Server 2019	192.168.182.8	4vCPU+16 GB +100GB	连接服务器
vCenter	VCSA	/	192.168.182.5	/	虚拟化平台

表 11-2 桌面池规划

桌面池	名称	地址池	用途
即时克隆	Instance		随机分配，数据不保留
完整克隆	Full	192.168.1.170～200	独立桌面，保留数据
RDS	RDS		多用户远程桌面

表 11-3 组织单元规划

组织单元名称	用途
Horizon	根目录
Instant_PC	存放即时克隆桌面池计算机
Full_PC	存放完整克隆桌面池计算机
Horizon_Admins	存放云桌面管理员账户
Horizon_Users	存放云桌面客户端账户

表 11-4 用户及用户组规划

用户/组名称	类型	用途
Horizon_Admin	管理员	云桌面管理员
SQL_Admin	管理员	数据库管理员
Instant_User01-05	普通用户	即时克隆桌面池用户
Instant_Group	组	即时克隆桌面池用户组
Full_User01-05	普通用户	完整克隆桌面池用户
Full_Group	组	完整克隆桌面池用户组
RDS_User01-05	普通用户	RDS 桌面池用户
RDS_Group	组	RDS 桌面池用户组

注：01-05 代表有五个用户，名称分别为 xxx01、xxx02、xxx03、xxx04、xxx05。

项目 11 综合实训——部署 Horizon8 云桌面

11.4 项目实施

学习笔记

任务 11-1 部署 Horizon8——AD 域

部署Horizon8
——AD域

1. 任务描述

部署 Windows Active Directory 为项目的各种服务器提供域名解析，对云桌面的用户进行身份验证。

2. 任务实施

（1）进入 vCenter 后台，右击主机，在弹出的快捷菜单中选择"新建虚拟机"命令，如图 11-1 所示。

图 11-1 选择"新建虚拟机"命令

（2）在弹出窗口中选择"从模板部署"选项，如图 11-2 所示。

图 11-2 从模板部署

（3）选择"虚拟机模板"选项卡，找到之前准备好的模板，如图 11-3 所示。

图 11-3 选择模板

（4）设置虚拟机名称，如 AD-Server，如图 11-4 所示。

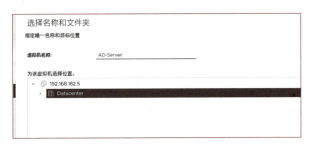

图 11-4　选择名称和文件夹

（5）选择好数据存储后，单击"下一步"按钮，选择"自定义此虚拟机的硬件"复选框，如图 11-5 所示。

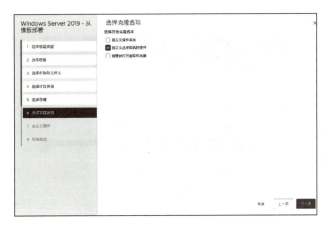

图 11-5　选择克隆选项

（6）根据规划中的配置设定虚拟机，如图 11-6 所示。

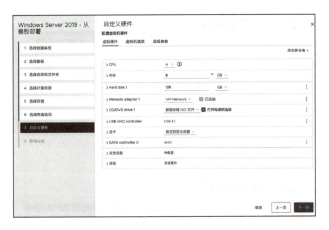

图 11-6　自定义硬件

（7）等待克隆完成，此过程约需要 10 min，完成后打开刚刚克隆好的虚拟机电源，开机后系统会自动打开"服务器管理器"窗口，也可以在开始菜单中找到并打开，如图11-7所示。

图11-7　服务器管理器

（8）在右下角找到网络图标，并右击，在弹出的快捷菜单中选择"打开'网络和Internet'设置"命令，如图11-8所示。

图11-8　选择"打开'网络和Internet'设置"命令

（9）在打开的窗口中单击"更改适配器选项"超链接，如图11-9所示。

（10）选择连接网络后右击，在弹出的快捷菜单中选择"属性"命令，并在新窗口中选择"Internet协议版本4"复选框，并双击打开，如图11-10和图11-11所示。

图11-9　更改适配器选项

图11-10　选择网络适配器

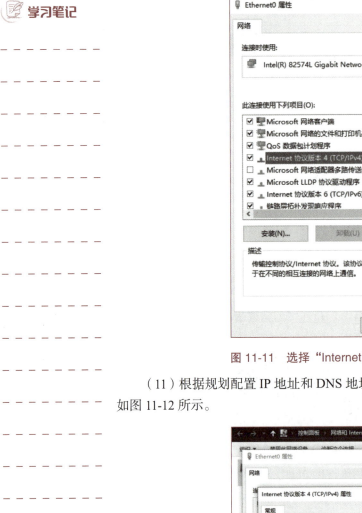

图 11-11 选择"Internet 协议版本 4"复选框

(11)根据规划配置 IP 地址和 DNS 地址,注意 DNS 地址必须为本机 IP 地址,如图 11-12 所示。

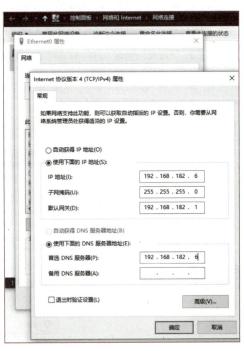

图 11-12 设置 IP 地址等相关信息

（12）保存后，打开"服务器管理器"窗口，在右上角选择"管理"→"添加角色和功能"命令，如图 11-13 所示。

图 11-13　添加角色和功能

（13）在弹出的窗口中选择"基于角色或基于功能的安装"单选按钮，选择本机，如图 11-14 和图 11-15 所示。

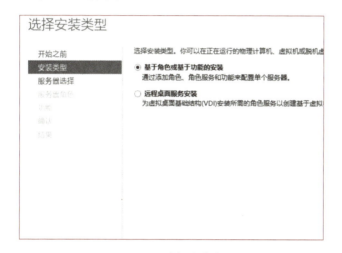

图 11-14　选择安装类型

图 11-15　选择目标服务器

学习笔记

（14）选择“Active Directory 域服务”复选框，在弹出的窗口中单击“添加功能”按钮，如图 11-16 和图 11-17 所示。

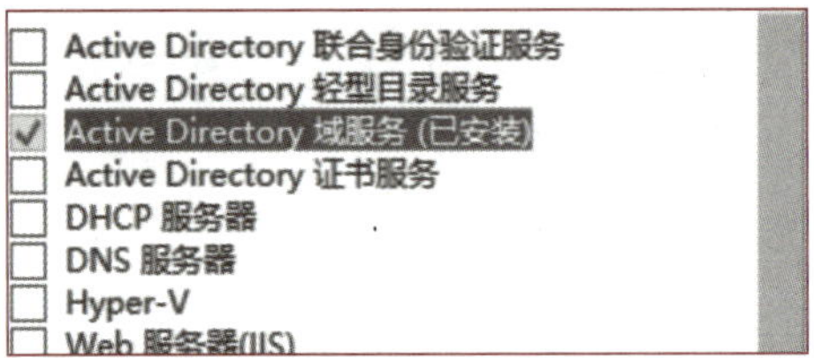

图 11-16　选择“Active Directory 域服务”复选框

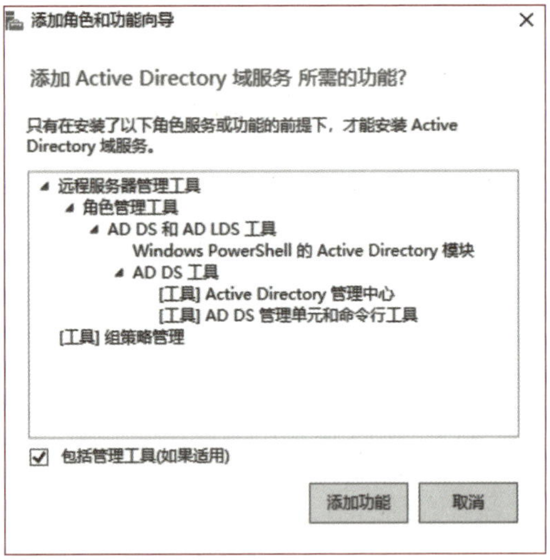

图 11-17　Active Directory 域服务添加功能

（15）单击“下一步”按钮，确认无误后，单击“安装”按钮，等待安装完成，如图 11-18 所示。

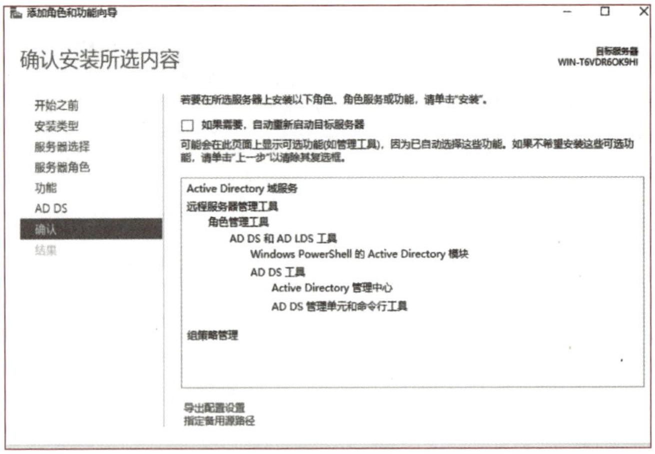

图 11-18　确认安装所选内容

（16）安装完成后返回到服务器管理器窗口，单击右上角的黄色感叹号按钮，在弹出的对话框中单击"将此服务器提升为域控制器"超链接，如图 11-19 所示。

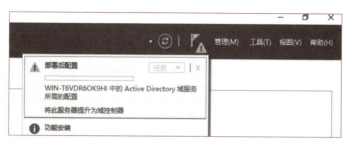

图 11-19　将此服务器提升为域控制器

（17）在弹出的窗口中选择"添加新林"单选按钮，自己定义一个根域名，如图 11-20 所示。

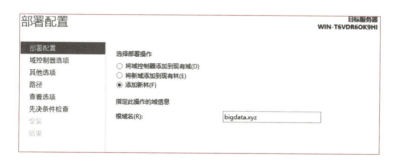

图 11-20　设置根域名

（18）设置密码，建议和 Server 系统密码一致以防忘记，其他选项保持默认，如图 11-21 所示。

图 11-21　设置密码

（19）设置 NetBIOS 名称和路径，保持默认即可，如图 11-22 和图 11-23 所示。

学习笔记

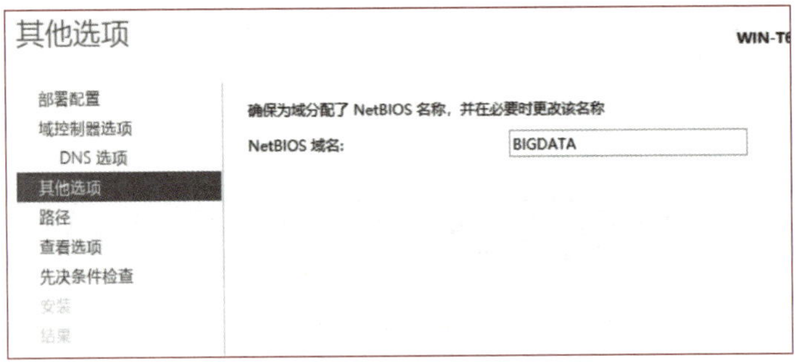

图 11-22　设置 NetBIOS 名称

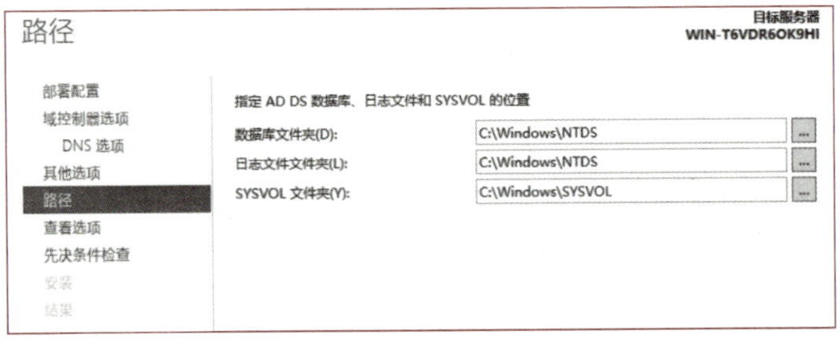

图 11-23　设置 NetBIOS 路径

（20）确认无误后，单击“安装”按钮即可，如图 11-24 所示。

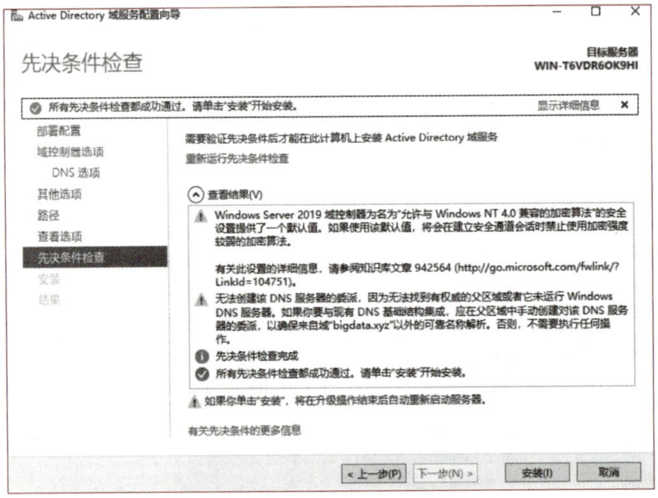

图 11-24　先决条件检查

（21）出现注销提示后，单击“关闭”按钮即可，如图 11-25 所示。

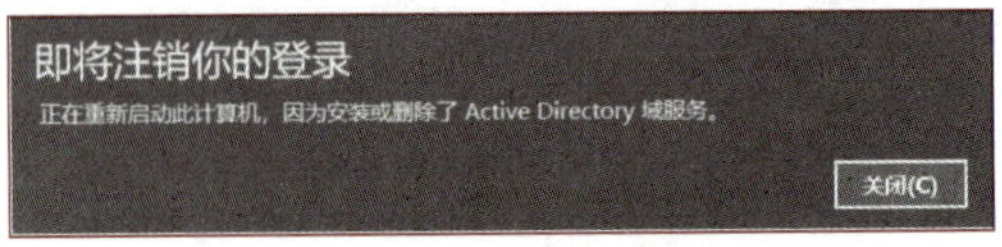

图 11-25　重新启动系统

项目 11　综合实训——部署 Horizon8 云桌面

（22）重启计算机后，打开"服务器管理器"窗口，选择"工具"→DNS 命令，如图 11-26 所示。

图 11-26　打开 DNS 设置

（23）在打开的窗口中，右击"反向查找区域"选项，在弹出的快捷菜单中选择"新建区域"命令，如图 11-27 所示。

图 11-27　新建区域（反向查找区域）

（24）选择"主要区域"→"至此域中域控制器上运行的所有 DNS 服务器"单选按钮，如图 11-28 和图 11-29 所示。

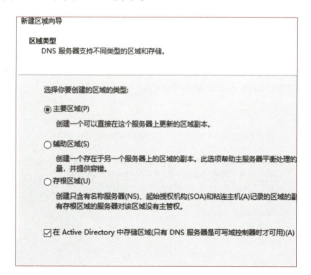

图 11-28　选择主要区域

学习笔记

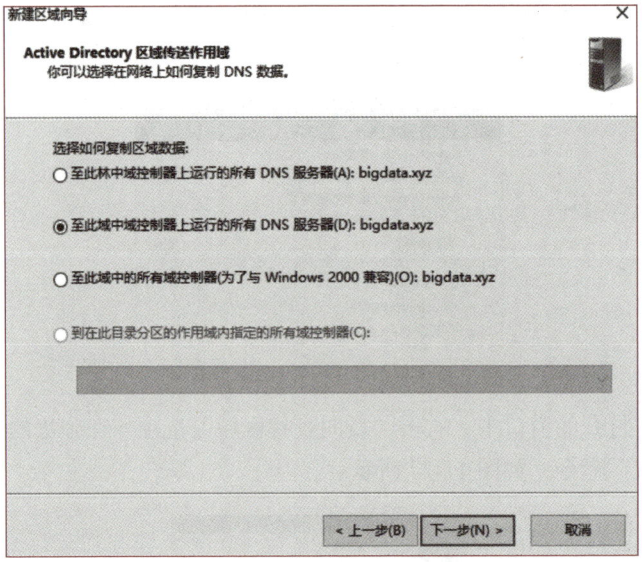

图 11-29　选择传送作用域

（25）单击“下一步”按钮，选择“IPv4 反向查找区域”单选按钮，如图 11-30 所示。

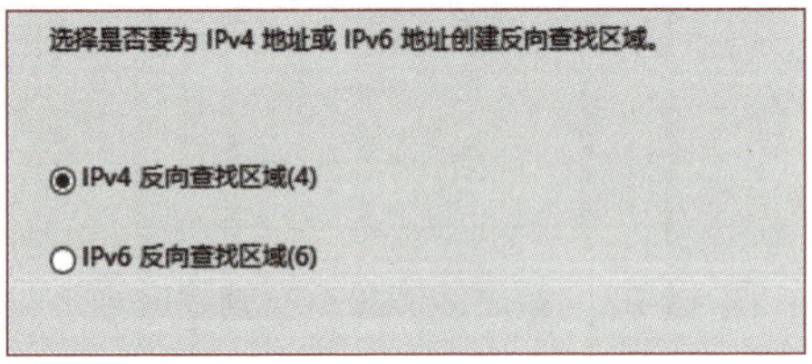

图 11-30　IPv4 反向查找区域

（26）“网络 ID”填写当前网络的网段，如 192.168.182，如图 11-31 所示。

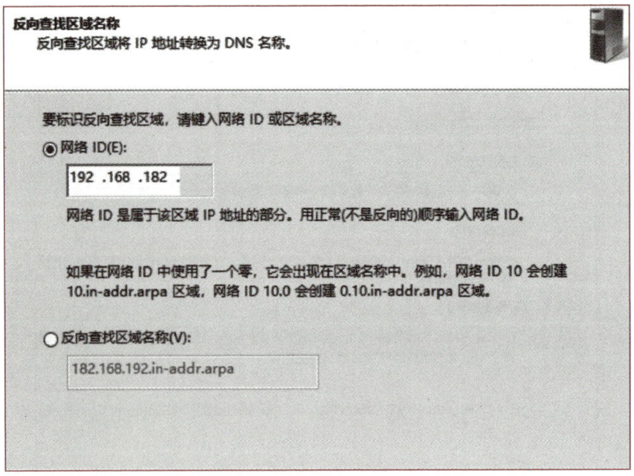

图 11-31　设置反向查找区域 IP 地址

（27）单击"下一步"按钮，选择"只允许安全的动态更新"单选按钮，如图 11-32 所示。

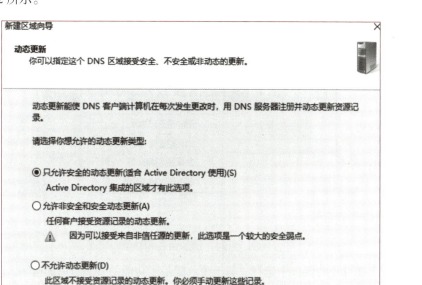

图 11-32 只允许安全的动态更新

（28）创建完成后，即可在反向查找区域看到刚刚创建的区域，如图 11-33 所示。

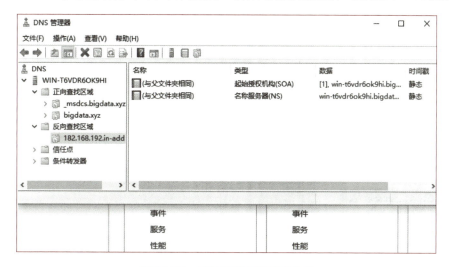

图 11-33 反向查找区域配置完成

任务 11-2 部署 Horizon8——DHCP 服务

1. 任务描述

部署 DHCP 服务为项目的云桌面提供 IP 地址。

部署Horizon8
——DHCP服务

2. 任务实施

（1）在部署好 AD 域的虚拟机中打开"服务器管理器"窗口，选择"管理"→"添加角色和功能"命令，如图 11-34 所示。

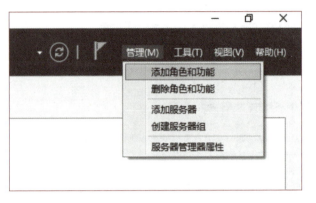

图 11-34　添加角色和功能

（2）在打开的窗口中选择"基于角色或基于功能的安装"单选按钮，选择"从服务器池中选择服务器"，单选按钮，在"服务器池"列表框中选择本地服务器，如图 11-35 和图 11-36 所示。

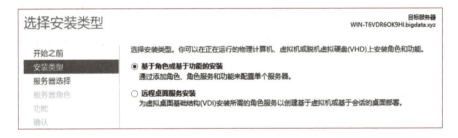

图 11-35　选择安装类型

图 11-36　选择目标服务器

（3）勾选"DHCP 服务器"复选框，单击"下一步"按钮，等待安装完成，如图 11-37 所示。

图 11-37　勾选"DHCP 服务器"复选框

(4) 安装完成后,单击右上角的黄色感叹号按钮,单击"完成 DHCP 配置"超链接,如图 11-38 所示。

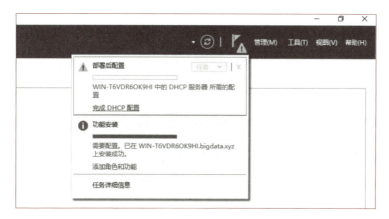

图 11-38　单击"完成 DHCP 配置"超链接

(5) 保持默认设置即可,如图 11-39 所示。安装完毕后重启计算机。

图 11-39　授权

(6) 重启计算机后,在"服务器管理器"窗口中选择"工具"→DHCP 命令,如图 11-40 所示。

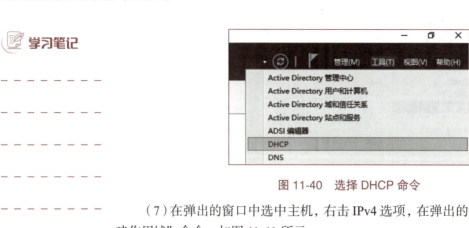

图 11-40　选择 DHCP 命令

（7）在弹出的窗口中选中主机，右击 IPv4 选项，在弹出的快捷菜单中选择"新建作用域"命令，如图 11-41 所示。

图 11-41　新建作用域

（8）在弹出的窗口中输入"名称"和"描述"信息，如图 11-42 所示。

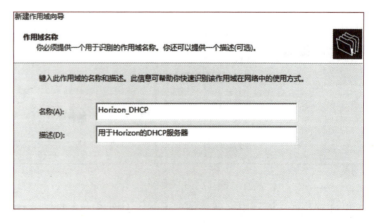

图 11-42　设置作用域名称

（9）输入可供分配的 IP 地址段，可以和 ESXi 主机所在网段一致，如图 11-43 所示。

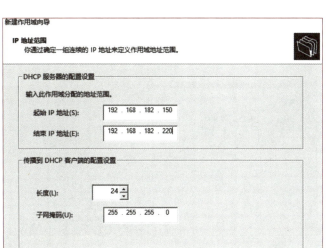

图 11-43　设置 IP 地址范围

（10）填写不分配的 IP 地址范围，可以留空，或根据实际情况填写，如图 11-44 所示。

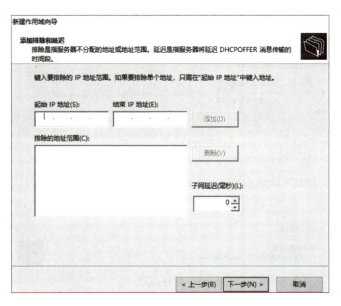

图 11-44　添加排除 IP 地址和子网延迟

（11）选择租期，作用是每次分配给客户机的 IP 保留的时间，保持默认值即可，如图 11-45 所示。

（12）单击"下一步"按钮，选择"是，我想现在配置这些选项"单选按钮，如图 11-46 所示。

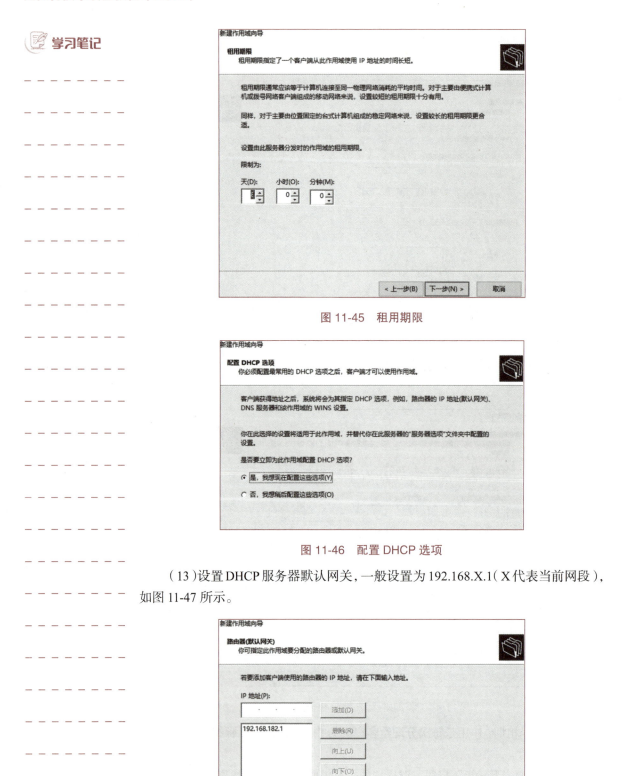

图 11-45　租用期限

图 11-46　配置 DHCP 选项

（13）设置 DHCP 服务器默认网关，一般设置为 192.168.X.1（X 代表当前网段），如图 11-47 所示。

图 11-47　设置默认网关

（14）设置域名称和 DNS 服务器，在下方"IP 地址"文本框中添加本机 IP 地址，其余保持默认即可，如图 11-48 所示。

图 11-48　设置域名称和 DNS 服务器

（15）选择"是，我想现在激活此作用域"单选按钮，完成后在地址池中可看到刚刚配置的 IP 地址，说明创建成功，如图 11-49 和图 11-50 所示。

图 11-49　激活作用域

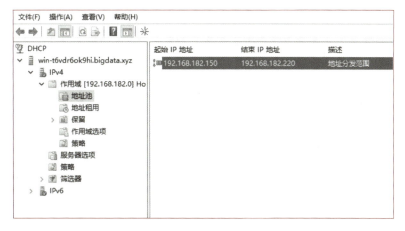

图 11-50　DHCP 配置结果

部署Horizon8
——连接服务器

任务 11-3　部署 Horizon8——连接服务器

1. 任务描述

在 Horizon8 环境中部署 Horizon Connection Server，它充当客户端连接的代理。通过 Windows Active Directory 对接入用户进行身份验证，并将请求定向到相应的虚拟机。

2. 任务实施

（1）进入 AD-Server 虚拟机，在"服务器管理器"窗口中选择"工具"→"Active Directory 用户和计算机"命令，如图 11-51 所示。

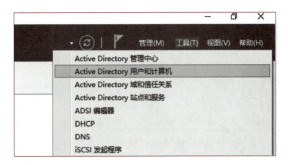

图 11-51　选择"Active Directory 用户和计算机"命令

在弹出的窗口左侧找到并右击之前创建的 AD 域名，在弹出的快捷菜单中选择"新建"→"组织单位"命令，设置一个名称，如图 11-52 和图 11-53 所示。

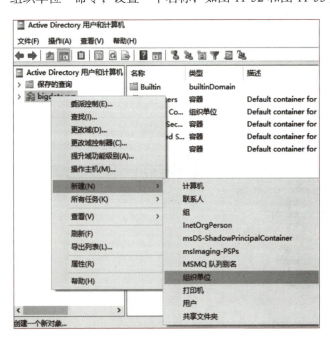

图 11-52　新建组织单位

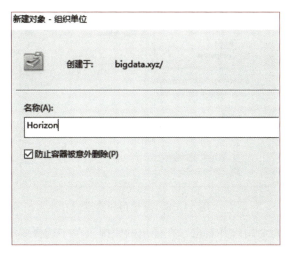

图 11-53 输入组织单位名称

(2)右击新建的组织单位,按照规划创建组织单位,创建完成后如图 11-54 所示。

图 11-54 Horizon 组织单位

(3)在各个组织单元下,按照规划右击组织单元名称,在弹出的快捷菜单中选择"新建"→"用户"命令,按照规划中的名称添加管理员用户,添加完成后如图 11-55 和图 11-56 所示。

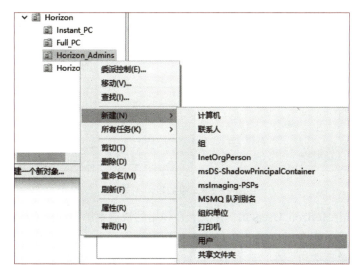

图 11-55 新建用户

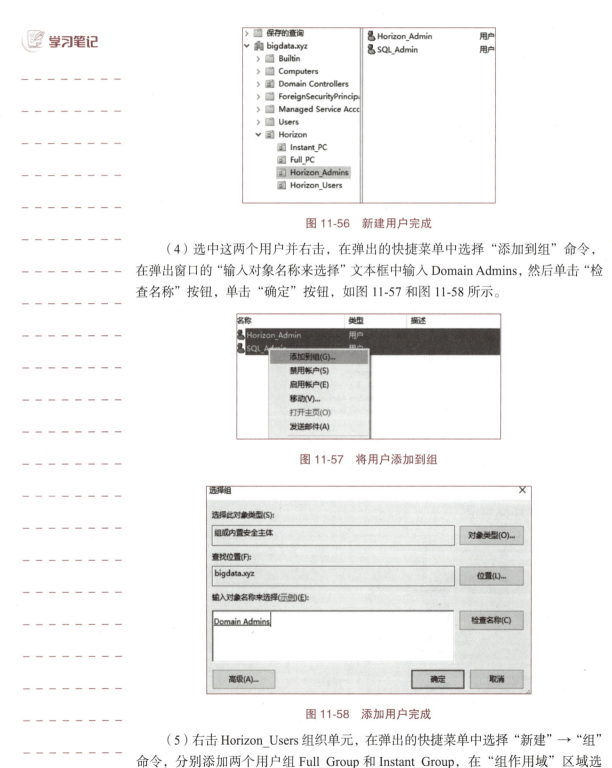

图 11-56　新建用户完成

（4）选中这两个用户并右击，在弹出的快捷菜单中选择"添加到组"命令，在弹出窗口的"输入对象名称来选择"文本框中输入 Domain Admins，然后单击"检查名称"按钮，单击"确定"按钮，如图 11-57 和图 11-58 所示。

图 11-57　将用户添加到组

图 11-58　添加用户完成

（5）右击 Horizon_Users 组织单元，在弹出的快捷菜单中选择"新建"→"组"命令，分别添加两个用户组 Full_Group 和 Instant_Group，在"组作用域"区域选中"全局"单选按钮，在"组类型"区域选中"安全组"单选按钮，如图 11-59 和图 11-60 所示。

图 11-59　新建组

图 11-60　设置组的作用域和类型

（6）在 Horizon_Users 组织单元中，新建 5 个 Full_User01-05 用户和 5 个 Instant_User01-05 用户，（01-05 代表每个用户的后缀为 01、02、03、04、05），添加完毕后如图 11-61 所示。

图 11-61　添加所有用户

（7）选中 Full_User01-05 并右击，在弹出的快捷菜单中选择"添加到组"命令，弹出"选择组"对话框，在下方文本框中输入 Full_Group，单击"检查名称"按钮，单击"确定"按钮，依此类推，将 Instant_User01-05 也添加进 Instant_Group 组内，如图 11-62 和图 11-63 所示。添加完毕后右击组，在弹出的快捷菜单中选择"属性"命令，在弹出对话框的"成员"选项卡中可以看到成员列表，如图 11-64 所示。

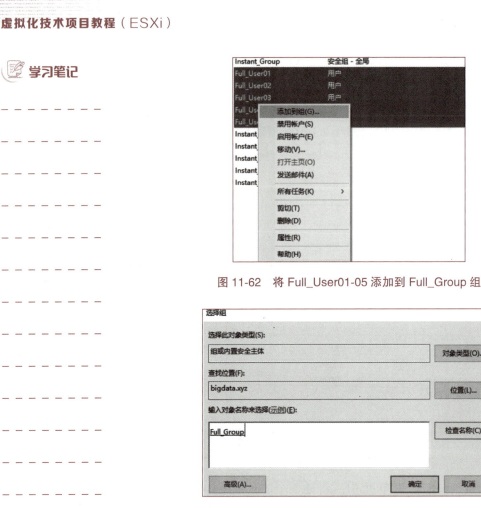

图 11-62 将 Full_User01-05 添加到 Full_Group 组

图 11-63 选择 Full_Group 组

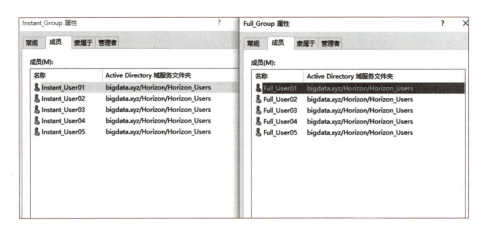

图 11-64 添加结果

（8）返回到 vCenter 后台，右击主机，在弹出的快捷菜单中选择"新建虚拟机"命令，然后按照步骤从模板中部署一台 4vCPU、16 GB 运存、100 GB 硬盘的虚拟机，如图 11-65 和图 11-66 所示。

图 11-65 新建 Connection-Server 虚拟机

图 11-66 设置名称和文件夹

（9）开启部署好的虚拟机，进入桌面后右击左下方的开始菜单按钮（Windows 微标），在弹出的快捷菜单中选择"运行"命令，输入 sysprep 后单击"确定"按钮，进入目录后双击打开 sysprep，然后在弹出的对话框中勾选"通用"复选框，单击"确定"按钮，等待系统重启，如图 11-67 和图 11-68 所示。

图 11-67 双击运行 sysprep

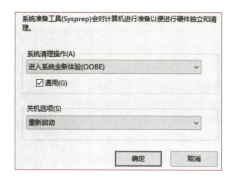

图 11-68 进行系统清理操作

（10）重启计算机后需要重新设置密码，如图 11-69 所示。

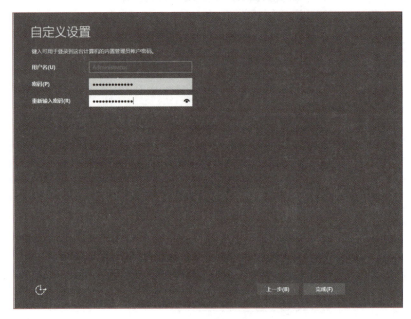

图 11-69　重新设置密码

（11）进入桌面后，将虚拟机的 IP 地址设置为规划中的 IP 地址，DNS 地址设置为虚拟机 AD-Server 的 IP 地址，如图 11-70 所示。

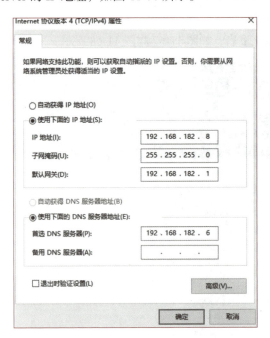

图 11-70　设置 IP 地址

（12）在窗口左侧单击"高级系统设置"超链接，如图 11-71 所示。

图 11-71　进行高级系统设置

（13）在弹出的"系统属性"对话框中选择"计算机名"选项卡，单击"更改"按钮，弹出"计算机名/域更改"对话框，在"隶属于"区域选中"域"单选按钮，输入 AD 域名。如图 11-72 所示。

图 11-72　加入 bigdata.xyz 域

（14）重启计算机后在登录界面单击左下角的"其他用户"按钮，然后输入管理员用户 Horizon_Admin 登录，如图 11-73 所示。

图 11-73　使用 Horizon_Admin 用户登录系统

（15）打开"控制面板"窗口，单击"用户账户"下方的"更改账户类型"超链接，在弹出的窗口中单击"添加"按钮，输入当前用户名和 AD 域名，如图 11-74 所示。

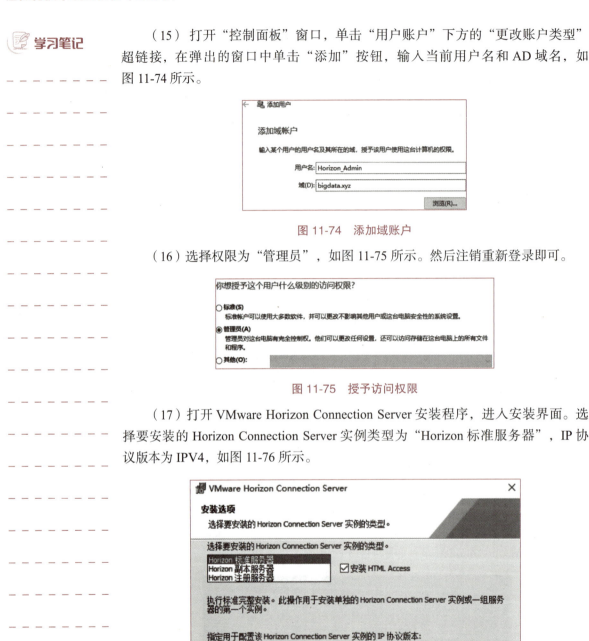

图 11-74　添加域账户

（16）选择权限为"管理员"，如图 11-75 所示。然后注销重新登录即可。

图 11-75　授予访问权限

（17）打开 VMware Horizon Connection Server 安装程序，进入安装界面。选择要安装的 Horizon Connection Server 实例类型为"Horizon 标准服务器"，IP 协议版本为 IPV4，如图 11-76 所示。

图 11-76　安装选项

（18）设置密码，并设置防火墙为"自动配置"，如图 11-77 和图 11-78 所示。

学习笔记

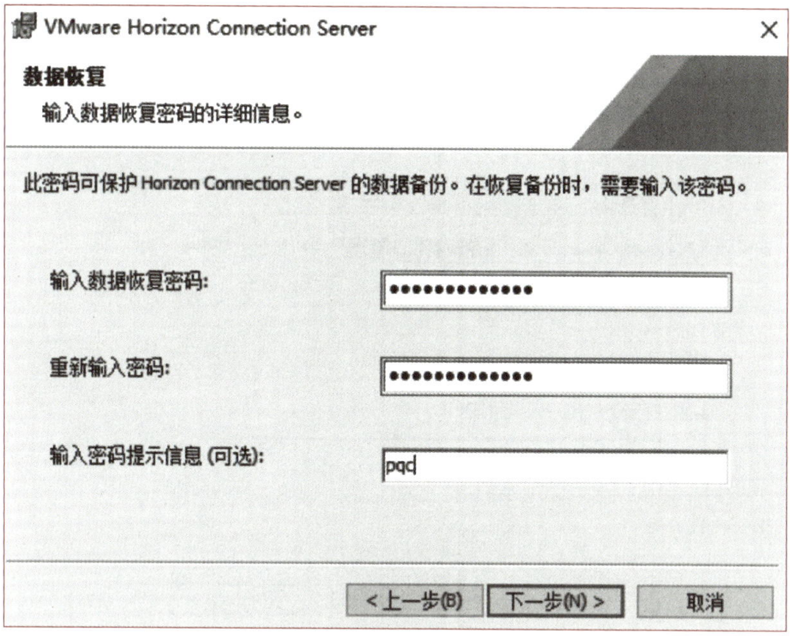

图 11-77 数据恢复

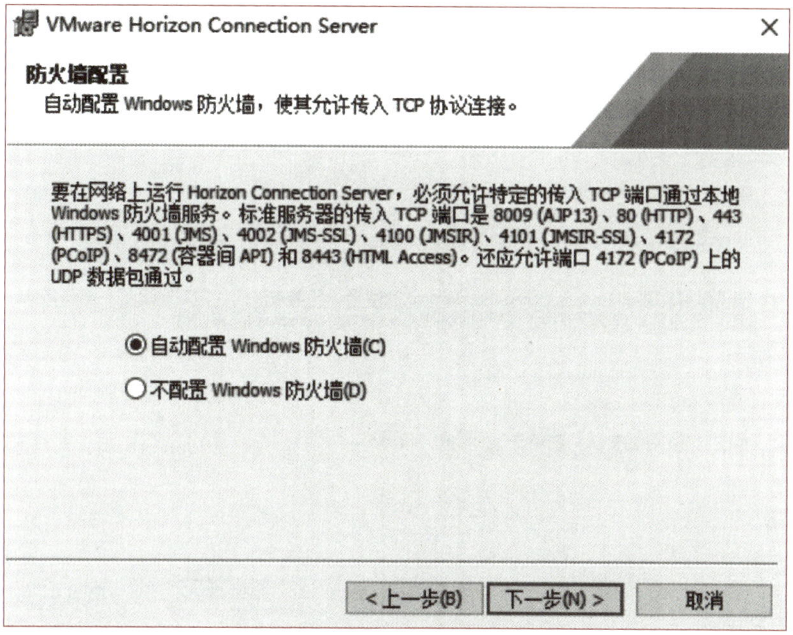

图 11-78 防火墙配置

（19）用户名为当前登录用户名，安装类型选择“常规”，如图 11-79 和图 11-80 所示。

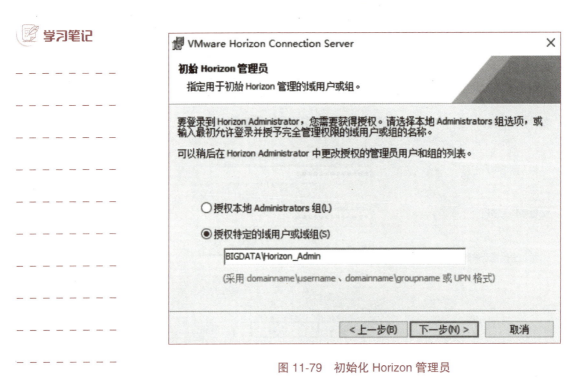

图 11-79　初始化 Horizon 管理员

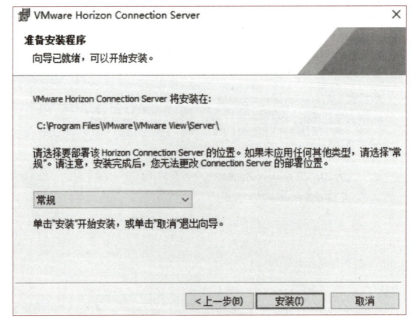

图 11-80　准备安装程序

（20）部署完成后，双击桌面上的 Horizon Administrator 图标即可访问后台，使用安装过程中的用户名和密码即可登录，如图 11-81 所示。

项目 11　综合实训——部署 Horizon8 云桌面

图 11-81　登录 Horizon

（21）进入后台，在左侧设置中选择"服务器"。在 vCenter Server 选项卡中单击"添加"按钮，并填写 vCenter 主机信息（若出现证书不可信提示，选择接受证书即可），如图 11-82 所示。

图 11-82　添加 vCenter Server

（22）单击"下一步"按钮选择 ESXi 主机，单击"下一步"按钮即可完成配置，如图 11-83 所示。

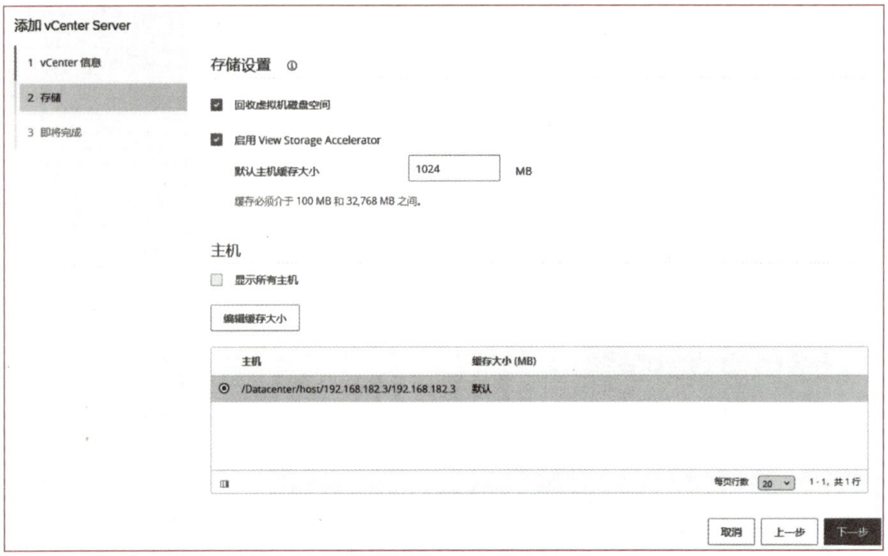

图 11-83　存储设置

任务 11-4　部署 Horizon8——事件数据库

1. 任务描述

部署事件数据库（SQL Server 2019），VMware Horizon 记录的各类事件写入到该事件数据库中，如最终用户操作、管理员操作、报告系统故障和错误的警示及统计抽样等事件信息。

2. 任务实施

（1）在 vCenter 后台，右击主机，在弹出的快捷菜单中选择"新建虚拟机"命令，然后按照步骤从模板中部署一台 4vCPU、8 GB 运存、256 GB 硬盘的虚拟机。按部署 Horizon8- 连接服务器中的步骤（8）~（16）进行相应配置。

（2）挂载 SQL Server 安装镜像，双击 setup.exe 运行安装程序。在安装程序左侧选择"安装"选项，在右侧选择"全新 SQL Server 独立安装或向现有安装添加功能"单选按钮，如图 11-84 所示。

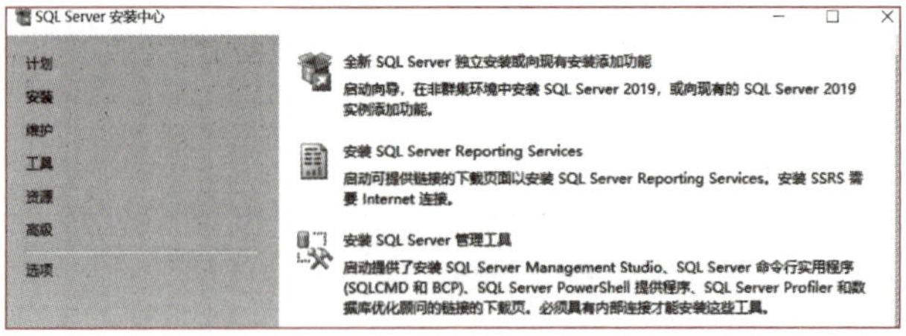

图 11-84　安装 SQL Server

（3）输入产品密钥，如图 11-85 所示。

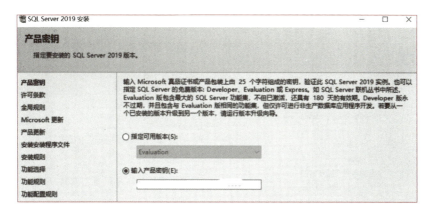

图 11-85　输入产品密钥

（4）等待产品更新和安装规则，如图 11-86 和图 11-87 所示。

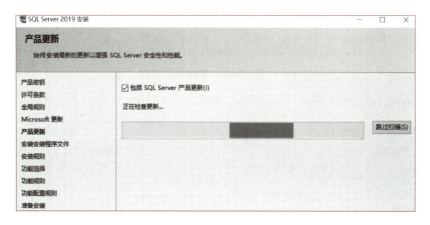

图 11-86　等待产品更新

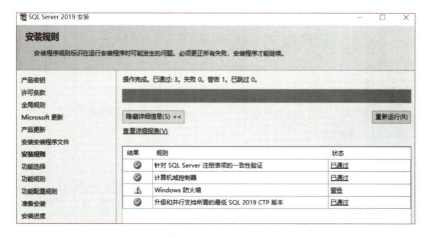

图 11-87　安装规则

（5）在"功能选择"页面，勾选"数据库引擎服务""SQL Server 复制""客户端工具连接""客户端工具后向兼容性""客户端工具 SDK""SQL 客户端连

学习笔记

接 SDK”“Master Data Services”复选框，如图 11-88 所示。

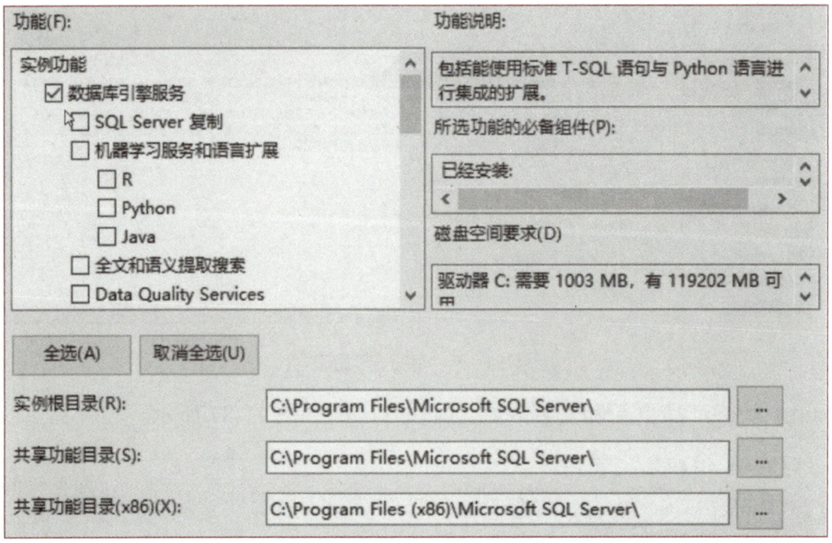

图 11-88　功能选择

（6）选择“默认实例”单选按钮，如图 11-89 所示。

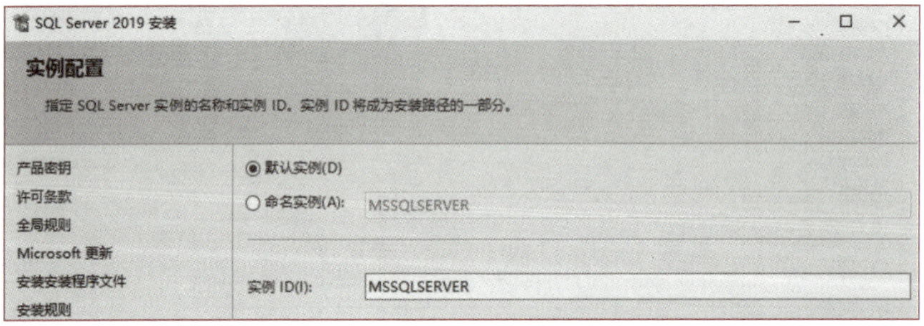

图 11-89　选择“默认实例”单选按钮

（7）将启动类型全部改为“自动”，如图 11-90 所示。

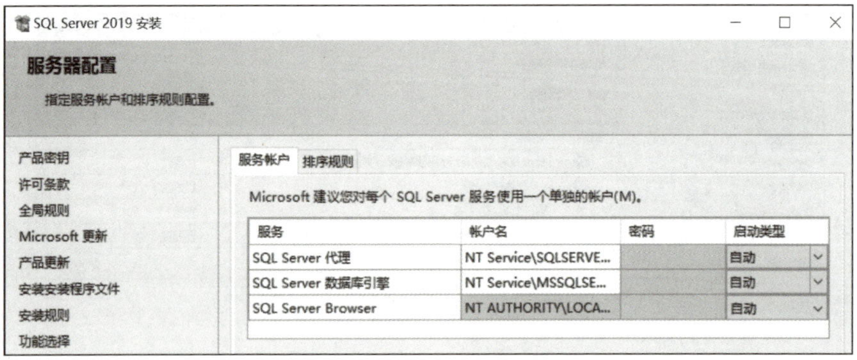

图 11-90　服务器配置

（8）身份验证类型选择"混合模式"，然后设置密码，单击"添加当前用户"按钮，添加域用户，下一步保持默认设置等待安装即可，如图 11-91 所示。

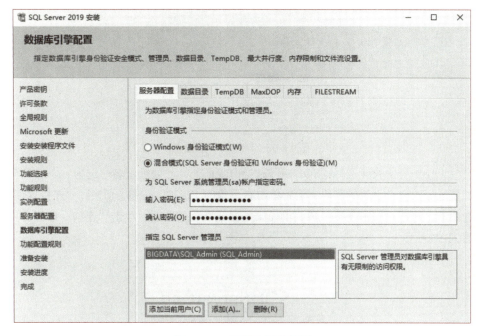

图 11-91　数据库引擎配置

（9）完成安装后返回到安装中心，选择"安装 SQL Server 管理工具"，如图 11-92 所示。

图 11-92　选择"安装 SQL Server 管理工具"

（10）此时会自动打开浏览器，找到"下载 SSMS"选项，选择免费下载。

（11）下载完毕后，打开 SSMS-Setup-CHS 安装程序，选择安装即可。安装完毕后，在"开始"菜单中选择 SQL Server Management Studio 命令即可打开。在"服务器名称"下拉列表中选择"浏览更多"选项，弹出"查找服务器"对话框，单击"数据库引擎"选项，选择本机即可，如图 11-93 所示。

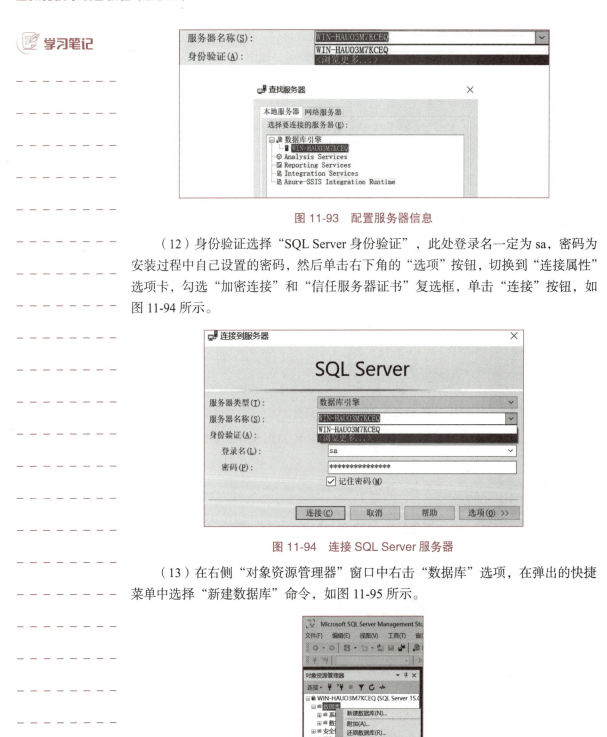

图 11-93　配置服务器信息

（12）身份验证选择"SQL Server 身份验证"，此处登录名一定为 sa，密码为安装过程中自己设置的密码，然后单击右下角的"选项"按钮，切换到"连接属性"选项卡，勾选"加密连接"和"信任服务器证书"复选框，单击"连接"按钮，如图 11-94 所示。

图 11-94　连接 SQL Server 服务器

（13）在右侧"对象资源管理器"窗口中右击"数据库"选项，在弹出的快捷菜单中选择"新建数据库"命令，如图 11-95 所示。

图 11-95　新建数据库

（14）数据库名称可以自己定义，如 Horizon.db，建议使用全英文，其余保持默认即可，如图 11-96 所示。

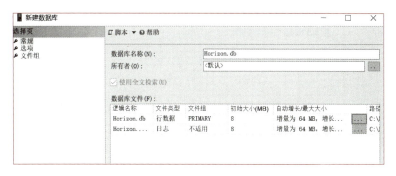

图 11-96　设置数据库名称

（15）在"开始"菜单中选择"SQL Server 2019 配置管理器"命令打开应用程序，在左侧选择"SQL Server 网络配置"→"MSSQLSERVER 的协议"选项，在右侧右击 TCP/IP，在弹出的快捷菜单中选择"属性"命令，如图 11-97 所示。

图 11-97　选择"MSSQLSERVER 的协议"选项

（16）切换到"IP 地址"选项卡，将 IP2 区域的"已启用"设置为"是"，如图 11-98 所示。

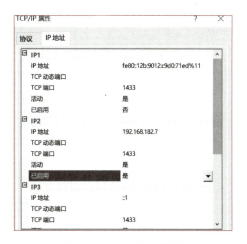

图 11-98　启用 IP 地址

（17）保存后，在左侧选择"SQL Server 服务"选项，在右侧右击 SQL Server 选项，在弹出的快捷菜单中选择"重启"命令，如图 11-99 所示。

📝 **学习笔记**

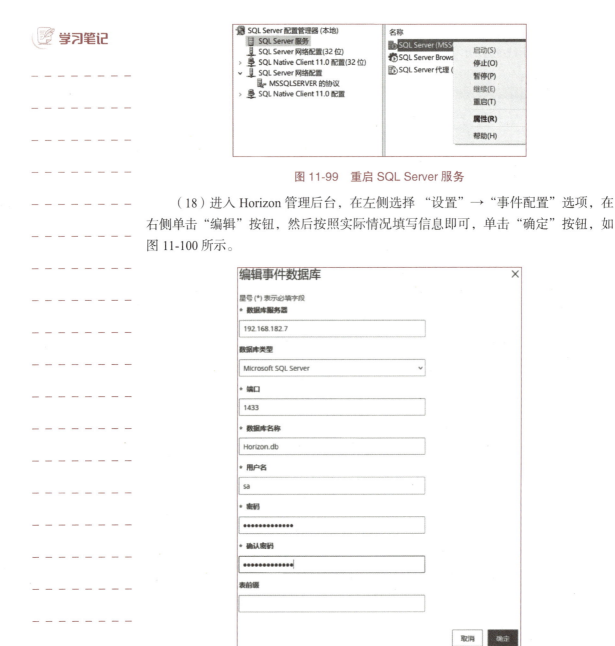

图 11-99　重启 SQL Server 服务

（18）进入 Horizon 管理后台，在左侧选择"设置"→"事件配置"选项，在右侧单击"编辑"按钮，然后按照实际情况填写信息即可，单击"确定"按钮，如图 11-100 所示。

图 11-100　编辑事件数据库

任务 11-5　部署 Horizon8——配置账户权限

1. 任务描述

在 Horizon8 克隆虚拟机需要有相应的权限，为此，工程师小李在 AD-Server 虚拟机上创建 Active Directory 用户，并且在 vCenter Server 上配置克隆虚拟机时所需的特权。

部署Horizon8
——配置账户权限

2. 任务实施

（1）进入 AD-Server 虚拟机，选择 "Active Directory 用户和计算机" → bigdata.xyz → Horizon 选项，右击 Horizon_Admins 组，在弹出的快捷菜单中选择"新建"→"用户"命令，新建一个用户，名称为 Instant_Admin，如图 11-101 和图 11-102 所示。

图 11-101　新建用户

图 11-102　设置用户信息

（2）创建成功后，右击新创建的账户，在弹出的快捷菜单中选择"添加到组"命令，如图 11-103 所示。

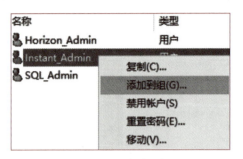

图 11-103　添加到组

（3）在弹出的对话框中，输入对象名称 Domain Admins，然后单击"检查名称"按钮，待对象名称下方出现下画线后，单击"确定"按钮即可，如图 11-104 所示。

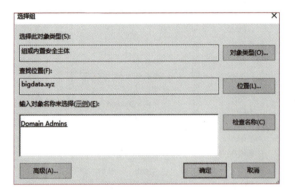

图 11-104　添加到 Domain Admins 组

（4）右击 Instant_Admin 用户名，在弹出的快捷菜单中选择"属性"命令，弹出"Instant_Admin 属性"对话框，选择"隶属于"选项卡，显示 Domain Admins 即为成功，如图 11-105 所示。

图 11-105　添加组结果

（5）进入 Horizon 后台，选择"设置"→"域"选项，在右侧切换到"域账户"选项卡，单击"添加"按钮，输入刚刚创建的用户，如图 11-106 所示。

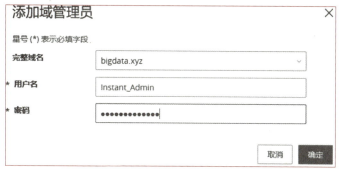

图 11-106　在 Horizon 添加用户

（6）进入 vCenter 后台，选择"系统管理"选项，如图 11-107 所示。

图 11-107　选择"系统管理"选项

（7）选择"系统管理"→"角色"选项，如图 11-108 所示。

图 11-108　选择角色

（8）在右侧"角色"页面，选择"新建"→"管理员"选项，填写角色名称，

学习笔记

并配置角色权限，如图 11-109 和图 11-110 所示。

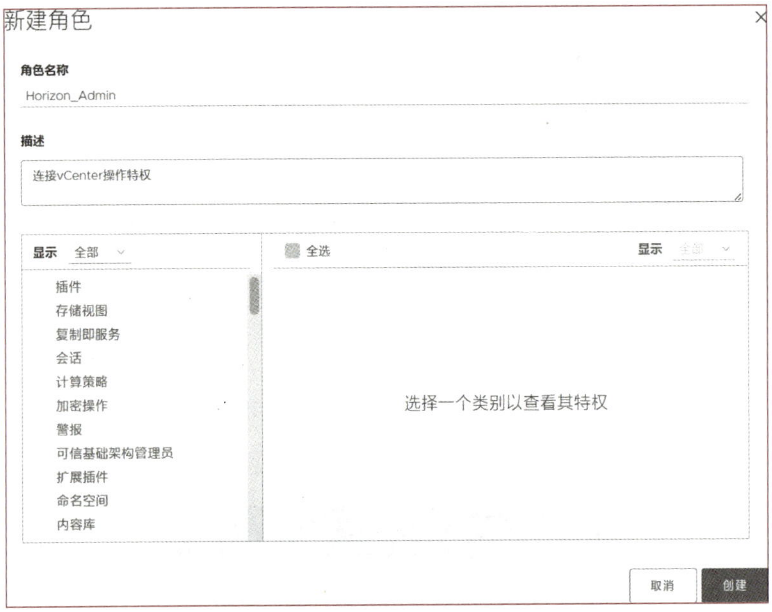

图 11-109　新建角色

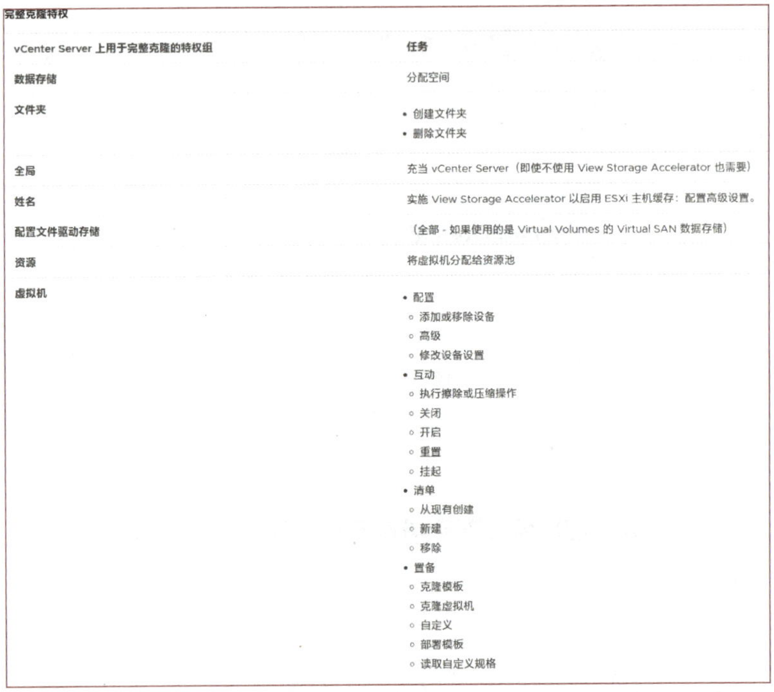

完整克隆特权

vCenter Server 上用于完整克隆的特权组	任务
数据存储	分配空间
文件夹	• 创建文件夹 • 删除文件夹
全局	充当 vCenter Server（即使不使用 View Storage Accelerator 也需要）
姓名	实施 View Storage Accelerator 以启用 ESXi 主机缓存：配置高级设置。
配置文件驱动存储	（全部 - 如果使用的是 Virtual Volumes 的 Virtual SAN 数据存储）
资源	将虚拟机分配给资源池
虚拟机	• 配置 ◦ 添加或移除设备 ◦ 高级 ◦ 修改设备设置 • 互动 ◦ 执行擦除或压缩操作 ◦ 关闭 ◦ 开启 ◦ 重置 ◦ 挂起 • 清单 ◦ 从现有创建 ◦ 新建 ◦ 移除 • 置备 ◦ 克隆模板 ◦ 克隆虚拟机 ◦ 自定义 ◦ 部署模板 ◦ 读取自定义规格

图 11-110　配置角色权限

（9）创建完成后，在左侧选择“用户和组”选项，在右侧选择“用户”选项卡，将域切换到 AD 域名，单击“添加”按钮，如图 11-111 所示。

图 11-111 添加用户和组

（10）设置用户名和密码，如图 11-112 所示。

（11）创建完成后，选择"清单"选项，右击 vCenter 主机，在弹出的快捷菜单中选择"添加权限"命令，如图 11-113 所示。

图 11-112 设置用户名和密码

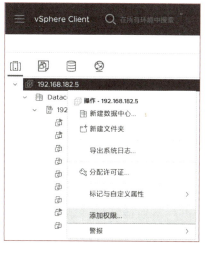

图 11-113 分配权限

（12）在"添加权限"对话框中，域选择 AD 域名，用户选择刚刚创建的用户，角色选择此前创建的管理员即可，勾选"传播到子对象"复选框，此时 Horizon 权限配置完毕，如图 11-114 所示。

图 11-114 添加权限

任务 11-6　部署 Horizon8——准备系统模板和发布桌面池

1. 任务描述

在 Horizon8 给用户分配云桌面时需要相应的虚拟机模板，为此，工程师小李在 vCenter Server 上创建 Windows 10 的虚拟机模板（用于分配云桌面）。并发布桌面池将此虚拟机发布。

2. 任务实施

（1）进入 vCenter 后台，在左侧右击主机，在弹出的快捷菜单中选择"新建虚拟机"命令，如图 11-115 所示。

图 11-115　新建虚拟机

（2）按照提示，创建一台 Windows 10 的虚拟机，注意不要勾选"启动 Windows 基于虚拟化的安全性"复选框，如图 11-116 所示。

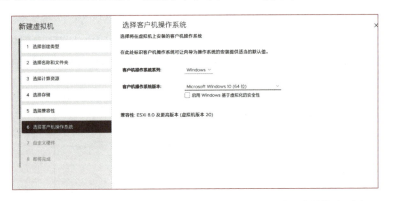

图 11-116　不要勾选"启用 Windows 基于虚拟化的安全性"复选框

（3）等待 Windows 安装完成后，返回到 vCenter 后台，右击刚刚创建的虚拟机，在弹出的快捷菜单中选择"客户机操作系统"→"安装 VMware Tools"命令，如图 11-117 所示。

图 11-117 安装 VMware Tools

（4）在弹出的对话框中单击"挂载"按钮，然后返回到虚拟机，双击 VMware Tools 驱动器，如图 11-118 所示。

（a）

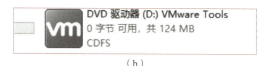

（b）

图 11-118 运行 VMware Tools

（5）等待安装程序加载完成后，选择"完整安装"选项，等待安装完成后重启虚拟机。测试 VMware Tools 正常运行后，关闭虚拟机，右击虚拟机，在弹出的快捷菜单中选择"编辑设置"命令，在弹出的对话框中选择"虚拟机选项"选项卡，找到 VMware Tools 选项，勾选"在启动和恢复时同步"和"定期同步时间"复选框，如图 11-119 所示。

（6）右击左下角的 Windows 微标（"开始"按钮），在弹出的快捷菜单中选择"运行"命令，输入 sysdm.cpl 后按【Enter】键，弹出"系统属性"对话框，选择"远程"选项卡，选择"允许远程连接到此计算机"单选按钮，如图 11-120 所示。

（7）右击左下角的 Windows 微标（"开始"按钮），在弹出的快捷菜单中选择 Windows PoweShell（管理员）命令，在打开的窗口中输入：

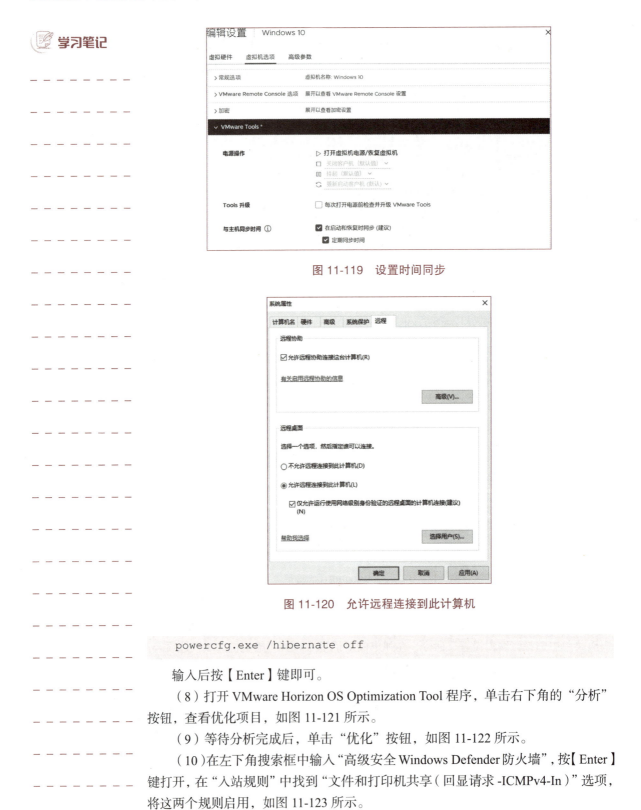

图 11-119　设置时间同步

图 11-120　允许远程连接到此计算机

```
powercfg.exe /hibernate off
```

输入后按【Enter】键即可。

（8）打开 VMware Horizon OS Optimization Tool 程序，单击右下角的"分析"按钮，查看优化项目，如图 11-121 所示。

（9）等待分析完成后，单击"优化"按钮，如图 11-122 所示。

（10）在左下角搜索框中输入"高级安全 Windows Defender 防火墙"，按【Enter】键打开，在"入站规则"中找到"文件和打印机共享（回显请求 -ICMPv4-In）"选项，将这两个规则启用，如图 11-123 所示。

项目 11　综合实训——部署 Horizon8 云桌面

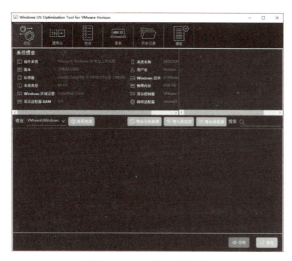

图 11-121　分析虚拟机

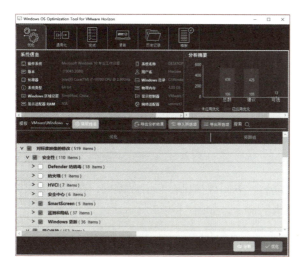

图 11-122　优化虚拟机

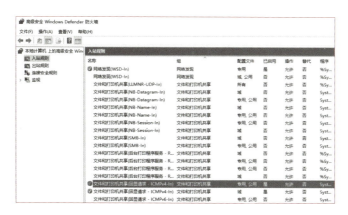

图 11-123　启用文件和打印机共享（回显请求 -ICMPv4-In）

（11）打开 VMware-Horizon-Agent 安装包，选择 IPv4 协议进行安装，将虚拟机加入 bigdata.xyz 域，如图 11-124 所示。

图 11-124　将虚拟机加入 bigdata.xyz 域

（12）重启计算机，右击左下角的 Windows 微标（"开始"按钮），在弹出的快捷菜单中选择 Windows PoweShell（管理员）命令，执行如下指令：

```
net localgroup Administrators "bigdata.xyz\Domain Users" /add
```

（13）操作完成后，关闭虚拟机。右击虚拟机，在弹出的快捷菜单中选择"模板"→"转换成模板"命令，如图 11-125 所示。

图 11-125　转换成模板

（14）选择"快捷方式"中的"虚拟机自定义规范"，如图 11-126 所示。
（15）在右侧单击"新建"超链接，如图 11-127 所示。

项目 11 　综合实训——部署 Horizon8 云桌面

图 11-126　选择"虚拟机自定义规范"选项　　图 11-127　新建虚拟机自定义规范

（16）自定义一个名称，勾选"生成新的安全身份（SID）"复选框，如图 11-128 所示。

图 11-128　定义名称和目标操作系统

（17）在"所有者组织"中填入 AD 域名，所有者名称可以自己定义，如图 11-129 所示。

图 11-129　注册信息

(18)选择"使用虚拟机名称"单选按钮,如图 11-130 所示。

图 11-130　设置计算机名称

(19)按照提示完成其他设置,如图 11-131 至图 11-134 所示。

图 11-131　设置 Windows 许可证

图 11-132　设置管理员密码

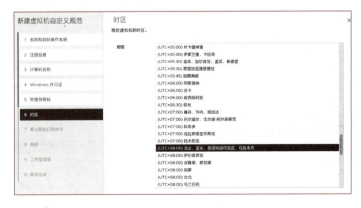

图 11-133　设置时区

图 11-134　配置网络

（20）选择"Windows 服务器域"单选按钮，填入 AD 域名，用户名填写 Administrator，密码填写用户密码，如图 11-135 所示。

图 11-135　加入域

（21）进入 Horizon 后台，在左侧选择"清单"中的"桌面"选项，单击"添加"按钮，选择"自动桌面池""完整虚拟机""专用 -> 启用自动分配"选项，如图 11-136 至图 11-138 所示。

图 11-136　自动桌面池

图 11-137　选择完整虚拟机

图 11-138　用户分配

（22）填写桌面池的 ID 和名称，如图 11-139 所示。

图 11-139　桌面池的 ID 和名称

（23）命令模式为 Full-{n：fixed=2}，作用是每一台虚拟机的名称为 Full-001、Full-002，依此类推，如图 11-140 所示。

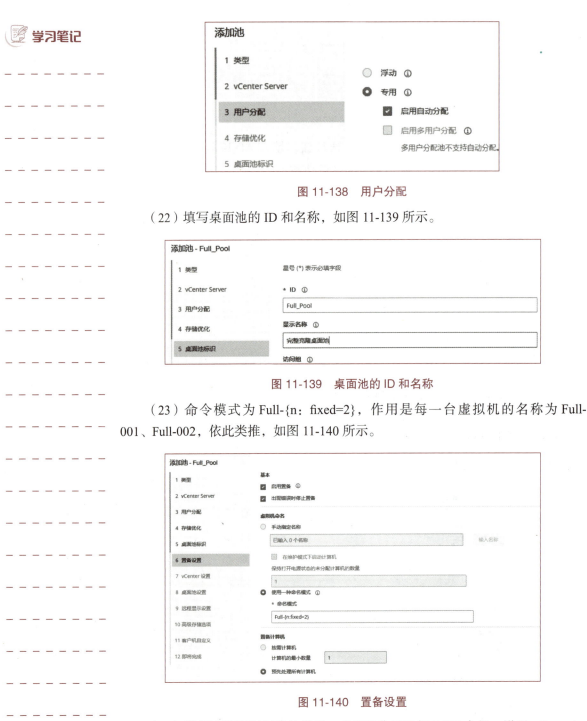

图 11-140　置备设置

（24）模板选择刚刚创建的模板，虚拟机位置选择 ESXi 主机，设置 vCenter，如图 11-141 和图 11-142 所示。

（25）勾选"显示分配的计算机名称"复选框，接下来的步骤根据实际情况填写，如图 11-143 至图 11-145 所示。

项目 11　综合实训——部署 Horizon8 云桌面

图 11-141　选择模板

图 11-142　vCenter 设置

图 11-143　桌面池设置

225

图 11-144　远程显示设置

图 11-145　高级存储选项

（26）选择"使用此自定义规范"单选按钮，选择创建的规范，如图 11-146 所示。

图 11-146　客户机自定义

(27)创建后,选择"添加池后授权用户"选项,单击"添加"按钮,搜索之前在 AD 域中创建的组 Full_Group,如图 11-147 和图 11-148 所示。

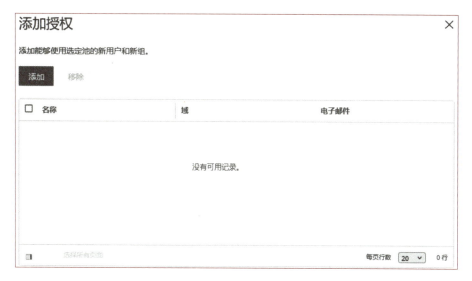

图 11-147　添加授权

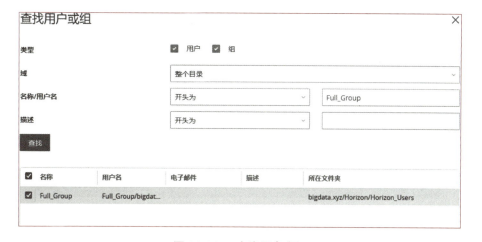

图 11-148　查找用户或组

任务 11-7　部署 Horizon8——连接云桌面

1. 任务描述

工程师小李已将 Horizon8 部署完成,教师(用户)在客户机安装"VMware-Horizon-Client"连接云桌面。教师可以在校园网或校外(通过 VPN)访问云桌面。

2. 任务实施

(1)在客户机中按照提示安装 VMware-Horizon-Client,安装完成后重启计算机,如图 11-149 所示。

部署Horizon8
——连接云桌面

图 11-149　客户机安装 VMware-Horizon-Client

（2）打开 VMware Horizon Client，单击"添加服务器"按钮，输入 AD 域名或者 IP 地址，提示无法验证时单击"继续"按钮即可，如图 11-150 所示。

图 11-150　添加服务器

（3）输入先前创建的完整克隆用户名和密码，如图 11-151 所示。

图 11-151　输入用户名和密码

（4）选择用户即可进入云桌面，用 Client 访问可以将本地硬盘映射到云桌面虚拟机上，如图 11-152 所示。

图 11-152　登录云桌面

（5）进入 Horizon 后台，可以查看正在使用的计算机，如图 11-153 所示。

图 11-153　Horizon 后台查看云桌面

本综合实训项目首先介绍了 Horizon Connection Server、Horizon Client、Horizon Agent，接着介绍了实训项目的服务器规划、桌面池规划、域控的组织单元规划、用户和用户组规划。根据项目实施中的工作任务场景，实施了部署 Horizon8-AD 域、部署 Horizon8-DHCP 服务、部署 Horizon8-连接服务器、部署 Horizon8-事件数据库等七个工作任务。

拓展阅读

麒麟软件

为顺应产业发展趋势、满足国家战略需求、保障国家网络空间安全、发挥中央企业在国家关键信息基础设施建设中主力军作用，中国电子信息产业集团有限公司（简称"中国电子"）于 2019 年 12 月将旗下天津麒麟信息技术有限公司和中标软件有限公司强强整合,成立麒麟软件有限公司(简称"麒麟软件"),打造中国操作系统核心力量。

麒麟软件主要面向通用和专用领域打造安全创新操作系统产品和相应解决方案,以安全可信操作系统技术为核心,现已形成银河麒麟服务器操作系统、桌面操作系统、嵌入式操作系统、麒麟云、操作系统增值产品为代表的产品线。麒麟软件旗下品牌包括银河麒麟、中标麒麟、星光麒麟。麒麟操作系统能全面支持飞腾、鲲鹏、龙芯等主流国产CPU,在安全性、稳定性、易用性和系统整体性能等方面远超国内同类产品,实现国产操作系统的跨越式发展。目前,公司旗下产品已全面应用于党政、金融、交通、通信、能源、教育等行业。根据赛迪顾问统计,麒麟软件旗下操作系统产品,连续12年位列中国Linux市场占有率第一名。

麒麟软件积极贯彻人才是第一资源的理念,以麒麟软件教育发展中心为组织平台,联合政产学研各方力量,探索中国特色的网信人才培养模式,目前已形成了源自麒麟软件核心技术的"5序"培训认证体系、课件体系、教材体系、师资体系、平台体系,并与工信部教育与考试中心联合推出"百城百万"操作系统培训专项行动,持续为我国培养各类操作系统专业人才。

在开源建设方面,麒麟软件正式发布中国首个桌面操作系统根社区openKylin,旨在以"共创"为核心、以"开源聚力、共创未来"为社区理念,在开源、自愿、平等、协作的基础上,通过开源、开放的方式与企业构建合作伙伴生态体系,共同打造桌面操作系统顶级社区,推动Linux开源技术及其软硬件生态繁荣发展。此外,麒麟软件作为openEuler开源社区发起者,以Maintainer身份承担80个项目,除华为公司外贡献第一。